Mollusques.

Texte. Mq. pag. 25 et suivantes.

Planches. Mq. Planches 5 à 14, 16 à 29, 31 et suivantes.

L'ORGANISATION

DU

RÈGNE ANIMAL

PAR

ÉMILE BLANCHARD

LIVRAISON

MOLLUSQUES-ACÉPHALES.

Livraisons 1-3

DÉCEMBRE 1851

A PARIS

CHEZ L'AUTEUR, 161, RUE SAINT-JACQUES

CHEZ VICTOR MASSON
17, PLACE DE L'ÉCOLE DE MÉDECINE.

CHEZ J.-B. BAILLIÈRE
19, RUE HAUTEFEUILLE.

CLASSE DES ACÉPHALES.

(*ACEPHALA.*)

CONSIDÉRATIONS GÉNÉRALES.

Les Animaux de cette classe constituent dans le règne animal un de ces types qui s'isolent considérablement de ceux dont ils sont le plus voisins.

Ces Mollusques n'ont pas de tête distincte du reste du corps; ils sont presque toujours symétriques. La peau de la région dorsale n'est adhérente que vers le milieu, et forme de chaque côté un grand voile recouvrant toutes les parties du corps. Souvent même les deux côtés se réunissent inférieurement et ne laissent alors d'ouvertures qu'en avant et en arrière; quelquefois encore ils se prolongent de manière à constituer deux longs tubes, servant au passage de l'eau qui va baigner les branchies et à la sortie des résidus de la digestion. La bouche est cachée entre les plis du manteau et se trouve à l'extrémité antérieure de la masse abdominale; elle n'est jamais armée de dents, mais elle est garnie sur les côtés, de prolongements lamelleux ou de tentacules labiaux. L'anus est situé à l'autre extrémité de la masse abdominale et se trouve ainsi exactement opposé à la bouche. La portion ventrale du corps se prolonge ordinairement de manière à former un pied charnu; mais dans quelques cas ce prolongement est rudimentaire, et dans d'autres il présente un faisceau de fils, connu sous le nom de *byssus* et servant à l'animal à se fixer. Il existe un appareil branchial très-développé, composé ordinairement de deux paires de grandes lames membraneuses, finement striées et flottantes de chaque côté du corps, entre le pied et le manteau. Une coquille formée de deux valves recouvre le manteau, le plus souvent en totalité et quelquefois seulement en partie. Cette coquille offre, à sa partie supérieure, une charnière garnie d'un ligament élastique, dont le jeu fait écarter ou rapprocher les valves, suivant que les muscles étendus de l'une à l'autre se relâchent ou se contractent plus ou moins.

Ce sont là les caractères extérieurs des Mollusques Acéphales. Ces animaux, tous conformés pour une vie essentiellement aquatique et des habitudes assez analogues, ne présentent pas de modifications importantes dans les particularités que nous venons d'énumérer.

*

Cette division zoologique, telle que nous l'admettons, est donc extrêmement naturelle; aussi depuis longtemps est-elle admise par les naturalistes telle que nous la présentons ici. Cependant plusieurs zoologistes lui ont adjoint d'autres groupes, en admettant alors la distinction en ordres pour des animaux que nous croyons devoir considérer comme des types de classes particulières. Ainsi, Cuvier désignait le groupe qui nous occupe ici sous le nom d'Acéphales testacés, et rangeait dans la même classe une autre division qu'il appelait les Acéphales sans coquilles. Pour lui, la classe des Acéphales comprenait donc deux ordres. De son côté, Lamarck formait une classe à part pour les Acéphales sans coquilles, et il la désignait sous le nom de Tuniciers; mais ce naturaliste, n'en ayant nullement saisi les affinités naturelles, les plaça parmi les Zoophytes. Cuvier, au contraire, avait bien compris les rapports qui les unissent aux Acéphales testacés; seulement ces rapports ne sont pas assez intimes, comme l'ont montré de plus en plus les recherches ultérieures, pour que nos classifications n'expriment pas davantage les différences considérables qui existent entre ces deux types. Les zoologistes, depuis assez longtemps déjà, considèrent le second ordre des Acéphales de Cuvier comme une classe particulière, pour laquelle on a conservé généralement la dénomination de Tuniciers, introduite dans la science par Lamarck.

D'autre part, Cuvier forma, pour certains Mollusques, pourvus, comme les Acéphales, d'une coquille bivalve, une classe particulière à laquelle il imposa le nom de Brachiopodes. Comme nous le verrons par la suite, ces animaux ont des rapports étroits avec les Acéphales; mais leur organisation présente des différences très-importantes, et c'est sur la considération de plusieurs de ces différences que se fonda l'auteur de l'*Anatomie comparée* pour établir une séparation nette entre les Brachiopodes et les Mollusques dont ils se rapprochent le plus. Néanmoins divers naturalistes de notre temps, tout en adoptant le groupe tel qu'il a été circonscrit par Cuvier, le réunissent aux Acéphales et se contentent de le distinguer comme un ordre. Cependant la séparation établie par l'illustre auteur du *Règne animal* nous paraît hautement motivée, comme nous l'exposerons plus loin, et dès lors nous l'adoptons.

Ainsi, la classe des Acéphales, telle qu'elle est présentée ici, correspond exactement aux *Acéphales testacés* de Cuvier, à la classe des *Conchifères* de Lamarck, et à l'ordre des *Acéphalophores lamellibranches* de De Blainville.

*

Les Acéphales forment un ensemble extrêmement homogène; ces animaux ne paraissent pas devoir, dans une méthode naturelle, être partagés en plusieurs ordres, comme on l'a fait, d'après le nombre des muscles qui meuvent les valves de la coquille. Nous ne voulons préciser encore l'importance d'aucun caractère, car ceci ressortira naturellement, plus tard, de l'étude de chaque type. Il nous suffira de rappeler ici que c'est de suite par familles que Cuvier, dans sa méthode, crut devoir diviser la classe; et, en effet, les différences organiques existant entre tous les types ne sont peut-être pas de nature à faire donner à quelques-unes de ces divisions une valeur plus considérable.

Jusqu'à présent, les familles ont été établies, parmi ces Mollusques, simplement d'après la considération des charnières des coquilles; or l'on ne tardera pas à se convaincre que ces caractères, toujours pris isolément, ont conduit souvent à des rapprochements qui sont loin d'être heureux et à des séparations bien opposées aux véritables affinités naturelles. Dans ces classifications, les auteurs se sont occupés bien rarement des caractères même tout à fait extérieurs des animaux; et quant aux particularités d'organisation, la science étant encore peu avancée sur ce point, il n'en fut pour ainsi dire jamais question. Dans nos ouvrages, ce sont les traits généraux de l'organisation de ces êtres qui sont présentés; mais presque tout encore s'est arrêté là.

Les Mollusques acéphales étant d'une étude assez difficile, c'est fort lentement que se sont amassées les connaissances acquises aujourd'hui touchant leur organisation.

Le dernier siècle finissait quand la science vint à s'enrichir d'observations importantes sur la structure intérieure de ces animaux.

C'est Poli, le célèbre naturaliste napolitain, qu'il faut citer ici le premier. Soumettant à de laborieuses investigations les espèces qui abondent dans le golfe de Naples, il dévoila une longue série de faits. Sans doute, dans ses recherches, des erreurs graves se sont mêlées aux réalités, des choses essentielles sont demeurées inaperçues; mais cependant, sur plusieurs points, jusqu'à l'époque actuelle on n'a pas été au delà. Les faits exposés dans le grand ouvrage du zoologiste italien servent encore dans tous les traités modernes à l'énoncé des particularités les plus caractéristiques des Acéphales. Les figures de ses planches se trouvent encore également reproduites de notre temps, malgré les imperfections inévitables à l'époque où elles ont été exécutées.

C'est l'anatomie de presque tous les types d'Acéphales répandus dans la Méditerranée que nous offre le grand ouvrage de Poli (1). On y trouve représentée la disposition des principaux muscles chez diverses espèces, ainsi que quelques portions du système nerveux; mais l'auteur du livre sur les *Testacés des Deux-Siciles* se méprit complétement sur la nature de ce dernier appareil. Il considéra les nerfs comme des vaisseaux lymphatiques et les ganglions comme leurs réservoirs. C'est ce que savent, au reste, tous les naturalistes, et ce que d'ailleurs on répète depuis plus d'un demi-siècle dès qu'il s'agit de cette question.

Le névrilème ayant une certaine résistance et la substance nerveuse en offrant très-peu, au contraire, chez ces Mollusques, Poli avait réussi à injecter une partie des nerfs au moyen du mercure. Cette circonstance le conduisit à ne voir là que des vaisseaux et à conclure à l'absence d'un système nerveux. Il fut en outre toujours très-loin de voir l'ensemble de cet appareil; il en signala seulement quelques portions.

Le canal alimentaire et l'organe hépatique sont aussi représentés par le zoologiste napolitain, chez plusieurs espèces et d'une manière même assez satisfaisante; les circonvolutions de l'intestin ont été suivies avec soin, et depuis encore il n'a rien été produit sur ce sujet qui soit préférable.

L'appareil de la circulation a été également l'objet des recherches de Poli; il a fait connaître la forme du cœur chez divers Acéphales; il a vu l'aorte et l'origine de quelques-unes de ses branches; il a constaté encore comment le sang revenait des branchies au cœur, ayant suivi avec assez de soin la disposition des vaisseaux *branchio-cardiaques* ou *veines branchiales*. D'après ses observations, il est aisé de se convaincre qu'il existe chez ces Mollusques un cœur volumineux, que le sang est porté aux organes au moyen d'artères, et ramené des branchies au centre circulatoire par des vaisseaux bien constitués, en communication directe avec deux oreillettes très-développées. Ceci est la partie bien constatée; mais le reste du trajet que parcourt le sang fut très-incomplétement suivi.

Enfin, Poli a représenté les organes respiratoires avec assez d'exactitude, sinon avec tous les détails nécessaires. Il a vu aussi les ovaires dans la cavité abdominale, et il a reconnu que les embryons séjournent quelquefois entre les lames branchiales.

D'après cela, on comprend facilement quel progrès un tel ouvrage fit faire à la marche de la science. Peu de temps après sa publication, un naturaliste scandinave, J. Rathke, constata d'une manière positive la présence du système nerveux chez les Acéphales (2). Ainsi, bien des faits déjà étaient acquis sur ce sujet quand s'acheva le dernier siècle.

(1) *Testacea utriusque Siciliæ*, 1791-1795.

(2) Om Damnuslingen — in Skrivter af Naturhistorie-Selskabet, t. IV, p. 139-162, pl. 9, fig. 10-11 (1797).

Si, toutes les fois qu'il s'agit de questions zoologiques, on ne cherchait tout d'abord ce qui en a été dit par Cuvier, nous n'aurions pas à le citer ici. Le célèbre naturaliste, qui a fait faire un si grand pas à la connaissance de l'organisation de la plupart des types de Mollusques, ne porta jamais que bien peu son attention sur la structure des Acéphales. Ce qu'il énonce dans ses *Leçons d'anatomie comparée* est surtout tiré des observations de Poli. Il croyait que le système nerveux de ces animaux se réduisait à deux paires de ganglions d'où naissaient tous les nerfs, et qu'il n'y avait, sous ce rapport, aucune différence essentielle entre tous les représentants de la classe des Acéphales (1).

Il s'étend très-peu également sur les autres appareils organiques; mais il donne cependant quelques indications à l'égard de la marche du sang dans les branchies, en ajoutant qu'il s'est assuré des faits par des injections au mercure pratiquées sur l'huître commune (2).

Quelques années plus tard, la connaissance du système nerveux de ces Mollusques fut poussée beaucoup plus loin. Un naturaliste italien, longtemps resté ignoré, Mangili, donna, dans un mémoire sur trois espèces habitant les eaux douces de l'Europe, la description exacte et la figure de toutes les parties les plus importantes du système nerveux d'un Mollusque acéphale (3). Le premier, il constata chez ces animaux la présence de trois paires de centres médullaires, et il précisa également leur disposition.

Il s'écoula ensuite beaucoup de temps sans que la science s'enrichît de nouveaux faits.

En 1819, Bojanus s'attacha à l'étude de deux corps glandulaires qui existent ordinairement vers la région dorsale et en arrière du cœur (4). L'habile anatomiste qui a décrit et figuré ces organes, désignés depuis sous le nom de *Corps de Bojanus*, les considéra comme des poumons; mais depuis, la plupart des naturalistes ont cru reconnaître dans ces glandes l'analogue des reins.

Un peu plus tard, les mêmes parties ont été, de la part de Treviranus, l'objet de quelques recherches, ainsi que les organes de la génération chez les Moules et Anodontes (5).

En 1825, de Blainville a présenté un aperçu général de l'organisation des Acéphales dans son *Manuel de Malacologie*, et il a décrit en outre, d'une manière exacte, le système nerveux de la Moule commune. Or, c'est là un fait qui mérite d'être signalé, puisque c'était sur ce point la première observation qui se produisait dans la science après celle de Mangili, à peu près complétement demeurée dans l'oubli, même bien au delà de cette époque.

Dans le même temps, M. Serres, prenant pour type la Mulette des peintres, a indiqué l'analogie qui existe entre le système nerveux des Acéphales et celui des autres Mollusques (6).

L'attention des zoologistes venait de se trouver appelée sur une question nouvelle : M. Delle-Chiaje signalait chez les Mollusques gastéropodes un système de vaisseaux destinés à puiser de l'eau du dehors et à la porter dans une grande partie du corps; M. Baer pensa avoir découvert un système semblable chez les Acéphales (7).

Plus tard, le même auteur s'est attaché à l'étude de la structure des branchies des Moules, et MM. Meckel et Philippi ont étendu les mêmes observations à quelques autres espèces.

(1) *Leçons d'anatomie comparée*, recueillies par M. Duméril, t. II, p. 309 (1799).
(2) *Leçons d'anatomie comparée*, recueillies par M. Duvernoy, t. IV, p. 406 (1805).
(3) *Nuove Ricerche zootomiche sopra alcune specie di Conchiglie bivalvi*. Milano (1804).
(4) *Isis*, 1819, p. 40, pl. 1, fig. 1.
(5) *Ueber die Zeugungstheile und die Fortpflanzung der Mollusken*. — *Zeitschrift für Physiologie*, t. I (1824).
(6) *Anatomie comparée du cerveau*, t. II, p. 22-23 (1826).
(7) Froriep's *Notizen*, t. XIII, nº 265, p. 5 (1826).

Mais nous voici arrivés à une époque où les travaux sur les Mollusques acéphales se multiplient considérablement. M. Delle-Chiaje donne des détails nombreux sur l'organisation intérieure de ces animaux (1). Toutefois ce qu'on remarque de plus frappant dans le résultat des recherches de ce savant, c'est la description et la représentation du prétendu système de canaux aquifères déjà mentionné par M. Baer.

M. A. Müller s'attache à faire connaître l'organe destiné à la sécrétion de la substance qui constitue le byssus, propre à quelques Acéphales (2). Un naturaliste anglais, M. Garner, porte ses investigations sur le système nerveux de divers types, choisis à peu près parmi les plus différents dans cette classe d'animaux; et c'est alors qu'on peut considérer l'appareil de la sensibilité comme bien connu, dans sa disposition caractéristique, chez les Acéphales. C'est de ce moment qu'on peut regarder la présence et les rapports des centres médullaires déjà reconnus précédemment comme fondamentaux chez tous ces Mollusques (3).

Le même auteur entreprend ensuite de tracer d'une manière générale l'organisation du type zoologique qui nous occupe ici (4). Il présente quelques détails sur les divers systèmes d'organes, et particulièrement sur l'appareil circulatoire des Peignes (*Pecten maximus*); mais tout ceci n'est pas exempt d'erreurs, comme on le verra plus loin.

Vers le même temps, M. Siebold fait connaître le résultat de ses investigations sur les organes génitaux de divers Acéphales et constate la séparation des sexes chez beaucoup d'entre eux, contrairement à l'opinion la plus répandue (5). Bientôt après, il signale chez quelques-uns de ces Mollusques l'existence d'un corps particulier, situé dans le voisinage des ganglions abdominaux, et un peu plus tard il le détermine comme un organe d'audition (6).

En 1840, MM. Grube et Krohn étudient la structure des organes oculaires que l'on remarque chez certains Acéphales, ainsi que les nerfs qui se distribuent à ces organes; et quelques années après, de nouvelles recherches sur ce sujet sont publiées par M. Will (7).

En 1841, M. Milne-Edwards, après un examen des organes génitaux des Peignes, en conclut que les sexes sont réunis chez ces Acéphales, et M. Krohn publie une observation de la même nature à l'égard d'un autre type, le genre Clavagelle (8).

Dans cette même période, la structure des coquilles se trouve aussi l'objet des études de plusieurs savants, et MM. Shuttleworth (9) et Carpenter (10) en font l'objet de travaux considérables.

En 1844, M. Duvernoy publie le résumé d'un travail sur le système nerveux des Acéphales, où il signale divers détails d'une manière plus précise qu'on ne l'avait fait avant lui (11).

*

A la même époque, de nouveaux faits se produisent dans la science; l'auteur de ce livre, ayant poursuivi des recherches multipliées sur un grand nombre d'Acéphales des côtes de la Méditerranée et

(1) *Descrizions e Notomia degli Animali invertebrati.*
(2) *De Bysso Acephalorum Dissert.* Berolini (1836), et Wiegmann's *Archiv.*, 1837, p. 1, pl. 1 et 2.
(3) *On the Nervous System of Molluscous animals. — Trans. of the Linnean Society*, t. XVII, p. 485 (1837).
(4) *On the Anatomy of the Lamellibranchiate Conchifera. — Trans. of the Zoological Society*, t. II, p. 87 (1841).
(5) Müller's *Archiv*, t. IV, p. 381 (1837).
(6) *Archiv für Naturgesch.*, 1841; p. 148; et *Ann. des scienc. nat.*, 2e série, t. XIX, p. 193, pl. 2 (1843).
(7) Froriep's *Neue Notizen*, t. XXIX, nos 622 et 623, p. 81 et 99 (1844).
(8) Froriep's *Neue Notizen*, t. XVII, no 356, p. 52 (1841).
(9) *Ueber den Bau der Schale. — Mittheil. der Naturforsch. Gesellschaft. in Bern*, p. 53 (1843).
(10) *Ann. of nat. hist.*, t. XII, p. 377, pl. 13 et 14 (1843); et *Reports of the British Association*, p. 1 (1845).
(11) *Comptes rendus de l'Académie des sciences*, t. XIX, p. 1132, et t. XX, p. 182 (1845).

de l'Océan, arrive, après une étude minutieuse des faits, à une série de considérations alors entièrement nouvelles. Jusque-là on avait cru que le système nerveux des Mollusques de cette classe, parvenant à son plus haut degré de complication, présentait seulement trois paires de ganglions, et que la plus grande uniformité dans la disposition de cet appareil se faisait remarquer entre tous les représentants de la classe. Il montre qu'il existe souvent des noyaux médullaires d'une importance moins considérable que les premiers; que ces centres d'innervation se trouvent chez certains types, où ils varient dans leur disposition, et qu'ils ne se rencontrent pas chez d'autres. Il indique dans leur présence et dans leur absence diverses coïncidences; il s'attache à établir, contrairement à l'opinion admise, que les Acéphales n'ont une organisation ni aussi compliquée ni aussi simple les uns que les autres. Enfin, cette série de recherches le conduit à montrer combien l'étude profonde de ces Mollusques est indispensable pour apprécier leurs rapports naturels, et combien les classifications fondées sur les caractères fournis par les coquilles sont loin d'exprimer ces affinités (1).

Pendant le cours de la même année, M. Milne-Edwards se livre à l'étude de la circulation chez ces animaux. Il constate que le sang veineux parcourt des trajets simplement limités par les organes et par les fibres musculaires, et qu'il n'existe pas de tubes à parois propres ou de veines susceptibles d'être isolées par la dissection; et en même temps il prouve que les réseaux, décrits par M. Delle-Chiaje comme un système aquifère, ne sont en réalité que des canaux remplissant les fonctions des vaisseaux capillaires chez les animaux supérieurs (2). Deux ans plus tard, le même zoologiste publie le résultat de ses investigations sur un type de la classe des Acéphales. Dans ce travail, il précise la direction d'une grande partie des artères et le trajet que suit le sang pour revenir des organes à l'appareil respiratoire, ce qui n'avait pas été fait jusque-là (3).

*

A ces travaux, des observations spéciales sont venues s'ajouter encore pendant le cours des années qui viennent de s'écouler.

Toujours l'on donnait comme un caractère absolument général à tous les Acéphales la présence de deux paires de lames branchiales; Poli avait bien constaté, chez une espèce au moins, que l'une d'elles s'atrophiant, il n'en existait plus qu'une paire, mais on l'avait oublié. M. Valenciennes a retrouvé ce caractère et l'a signalé comme appartenant à tout un groupe (4).

Plus récemment, MM. Frey et Leuckart ont donné divers détails relatifs à l'anatomie d'un type de la classe des Acéphales, le genre Taret (5); et depuis, M. de Quatrefages, sans connaître le travail de ses devanciers, a publié un mémoire étendu sur le même sujet. Il a décrit et représenté d'une manière plus ou moins complète les divers systèmes d'organes; mais parmi ce qui offre le plus d'importance il faut citer l'observation, faite pour la première fois, de deux paires de très-petits ganglions placés dans le voisinage du cœur. Il a décrit le système artériel, et, à l'égard des trajets que suit le sang veineux, il s'est attaché à confirmer le résultat général obtenu par M. Milne-Edwards, par l'examen d'autres espèces, mais sans les faire connaître d'une manière détaillée dans le genre dont il a fait l'objet de ses études (6).

(1) *Ann. des scienc. nat.*, 2e série, t. III, p. 320 (1845).
(2) *Comptes rendus de l'Acad. des sciences*, t. XX, p. 261-271, et *Ann. des sciences nat.*, 2e série, t. III, p. 300, etc.
(3) *Ann. des sciences nat.* et *Recherches faites pendant un voyage en Sicile*, 1re part. (*Pinne marine*), p. 159, pl. 28.
(4) *Comptes rendus de l'Acad. des sciences*, t. XX, p. 1688, et t. XXI, p. 514 (1846).
(5) *Beiträge zur Kenntniss Wirbelloser Thiere*, p. 46 (1847).
(6) *Ann. des sciences nat.*, 3e série, t. XI, p. 19 (1849).

D'autre part, M. Charles Robin a présenté, à l'égard de certains Acéphales (les Anodontes), quelques faits relatifs à leur système circulatoire, et principalement à leurs réseaux capillaires. Il a insisté avec beaucoup de raison sur la disposition régulière de ces canaux et sur la facilité bien réelle avec laquelle on peut reconnaître si les injections ont circulé librement ou s'il y a eu infiltration. Sur ce point, on remarque dans son travail une différence dans la manière de décrire les parties avec ce qui a été publié précédemment sur le même sujet; mais il est nécessaire d'ajouter que cette différence ne se trouve pas, surtout au même degré, dans la constatation des faits (1).

Diverses observations portant sur des espèces considérées tout à fait isolément existent encore dans la science, mais elles n'ont pas contribué d'une manière assez notable à la connaissance générale des Acéphales pour que nous en fassions ici l'objet d'une mention particulière. Cependant un ouvrage sur ces Mollusques, resté inachevé il est vrai, a paru pendant le cours de ces dernières années; mais bien qu'il soit accompagné d'un nombre de planches très considérable, on a le regret de voir que rien dans cette publication n'est de nature à faire connaître, dans aucune espèce, un seul des systèmes organiques (2).

Les questions d'embryogénie, en ce qui concerne les Acéphales, ont aussi occupé les naturalistes; mais parmi toutes ces observations, généralement fort restreintes, c'est en traitant spécialement de cette question que nous devrons exposer la portée de chacune d'elles. Néanmoins il n'est peut-être pas inutile d'indiquer déjà sur ce sujet un mémoire très-étendu de M. Löven, qui certainement contient plus de faits qu'aucun autre (3).

*

En résumant aujourd'hui tout ce qu'ont fait connaître les recherches antérieures, il deviendra facile de prendre une idée exacte du point où elles ont élevé la science.

Ainsi, l'on sait parfaitement que le manteau, dont la forme varie suivant les espèces, est toujours parcouru par des vaisseaux et par des nerfs qui lui donnent une extrême sensibilité; que la coquille qui le recouvre, formée de deux valves unies entre elles par une charnière et un ligament constitué par des fibres élastiques, est composée en majeure partie d'une matière calcaire, principalement de carbonate de chaux, et d'une substance organique homogène; qu'elle présente ordinairement deux couches, une interne, lamellée, et une externe, fibreuse, offrant des cellules remplies de matière calcaire. On pense généralement que la couche externe est sécrétée simplement par les bords du manteau, tandis que l'autre est produite par toute sa surface.

Les plus anciennes observations ont appris qu'il existe des fibres musculaires dans presque toutes les parties du corps des Acéphales, et qu'elles forment sur certains points des muscles volumineux. Ainsi, on distingue tout d'abord les muscles adducteurs des valves, constitués par une ou deux masses de fibres serrées et parallèles, et ayant aux deux extrémités leur point d'attache sur les valves; ensuite les bandes musculaires des bords du manteau et des siphons, les unes longitudinales et les autres transversales ou circulaires; les muscles aplatis, situés à la base des siphons et attachés sur les deux valves en dehors ou au-dessous du muscle adducteur postérieur, et, en outre, un prolongement musculaire ventral servant à la locomotion, désigné dans tous les ouvrages de malacologie sous le nom de

(1) *Rapport à la Société de Biologie* (sur la question du phlébentérisme), p. 120, etc. (1851).

(2) *Exploration scientifique de l'Algérie. — Mollusques*, par M. Deshayes.

(3) *Bidrag till kännedomen om utvecklingen af Mollusca Acephala lamellibranchiata* (*Kongl. Vetenskaps-Akademiens Handlingar för år* 1848, p. 329).

pied; appendice très-variable dans sa forme et dans son développement, formé par des fibres entre-croisées en divers sens, et inséré à la face interne et supérieure de la coquille, au moyen de plusieurs cordons tendineux. Mais chez certains Acéphales ce pied affecte une forme très-grêle et devient un organe sécréteur du byssus. Les travaux cités précédemment ont montré que là il existe, pour cet usage, à la face inférieure de l'appendice pédiforme, un sillon longitudinal, et à sa base une fossette à parois d'aspect glanduleux, garnie au fond de lamelles molles et très-serrées.

D'après l'ensemble des travaux des anatomistes qui se sont succédé, il est bien établi que tous les Mollusques acéphales ont un système nerveux binaire, généralement symétrique. Il est bien reconnu qu'il existe deux ganglions antérieurs, unis par une commissure passant au-devant de la bouche; ces centres médullaires sont désignés sous le nom de *cerveau* ou de *ganglions cérébroïdes;* qu'ils fournissent des nerfs aux tentacules labiaux et à toute la portion antérieure du manteau; qu'ils sont, d'une part, en communication, au moyen de deux cordons, avec les noyaux médullaires placés au-dessus des viscères et à la base du pied, et d'autre part, avec les centres nerveux postérieurs, au moyen de deux longs connectifs s'étendant de chaque côté du canal intestinal et traversant le foie. Il est parfaitement constaté que les ganglions abdominaux donnent particulièrement leurs nerfs au pied et à toute l'enveloppe ventrale, et que les centres nerveux postérieurs ou ganglions branchiaux, ordinairement d'un volume plus considérable que les autres, fournissent deux nerfs puissants se rendant aux branchies, et d'autres plus ou moins ramifiés aux muscles du manteau.

Par suite de recherches encore récentes, il a été établi, de plus, que divers types présentent, dans les muscles de leur manteau, de petits noyaux médullaires souvent en grand nombre; que, chez les Acéphales munis de siphons fixés à la coquille par des muscles rétracteurs, les nerfs principaux, ayant leur origine dans les centres médullaires postérieurs, offrent sur leur trajet plusieurs ganglions, disposés par paires sur les rétracteurs des siphons et unis par des commissures; que, chez les Acéphales pourvus de tubes libres dans toute leur longueur, il existe également, sur le trajet des grands nerfs naissant des centres nerveux postérieurs, des noyaux médullaires où prennent leur origine les filets nerveux descendant jusqu'à l'extrémité des tubes, mais que là il n'y a point de commissure entre les ganglions.

Enfin, en dernier lieu, la présence de ganglions placés dans le voisinage du cœur a été signalée chez une seule espèce, mais sans que ce fait ait encore été vérifié.

Par suite d'investigations minutieuses, il est établi que certains Acéphales sont pourvus d'organes de vision situés sur des tentacules au bord du manteau, et que ces organes ont une structure compliquée. L'on a cherché aussi à prouver que ces Mollusques jouissent du sens de l'ouïe, résidant chez eux dans deux petites capsules placées au-devant des ganglions abdominaux.

Il est parfaitement reconnu que tous ces animaux ont un appareil alimentaire très-développé, avec une bouche large, cachée sous le manteau et garnie sur les côtés de tentacules plus ou moins grands; un œsophage très-court, un estomac assez volumineux, suivi d'un intestin plus ou moins long et plus ou moins renflé, décrivant toujours des circonvolutions et se terminant au-dessous du muscle adducteur postérieur et un peu au delà. L'intestin est décrit comme traversant le cœur chez la plupart des espèces. Il est constaté en outre qu'il existe souvent près du pylore un long *cœcum* contenant une tige cristalline nommée encore *style hyalin,* et que, si le cœcum manque, la tige cristalline peut se trouver dans l'intestin même; seulement le rôle de cette partie n'est pas même soupçonné.

Les Acéphales sont considérés comme toujours privés de glandes salivaires et pourvus d'un foie extrêmement volumineux, composé d'une multitude d'utricules, avec des conduits excréteurs dont plusieurs débouchant soit dans l'estomac, soit dans la partie antérieure de l'intestin.

On doit encore considérer comme parfaitement acquis à la science que tous les Acéphales sont pourvus d'un appareil circulatoire très-complexe; qu'il existe chez eux un cœur et ordinairement deux oreillettes, situés à la partie postérieure du dos et logés dans un large péricarde; que le sang est porté à tous les organes au moyen d'artères dérivant de deux aortes; que le sang passe ensuite dans un réseau de capillaires constitué par des canaux limités simplement par les fibres musculaires, tapissées par une couche mince de tissu cellulaire; que de là le fluide nourricier est repris par un système de canaux veineux, en général très-nettement circonscrits, mais toujours dépourvus de parois susceptibles d'être isolées par la dissection; que le sang arrive ainsi dans des sinus situés à la base des organes respiratoires; qu'il pénètre alors dans les branchies, au moyen de vaisseaux afférents très-réguliers, passe ensuite dans des capillaires d'une disposition très-uniforme, pour être repris par un système de vaisseaux efférents en communication avec les oreillettes, d'où le sang parvient de nouveau dans le cœur, et que des valvules s'opposent à son retour dans les oreillettes.

A cela il faut ajouter l'idée répandue que le sang provenant du manteau revient au cœur sans avoir pénétré dans les organes spécialement affectés à la respiration.

A cela il faudrait ajouter encore l'idée, pendant assez longtemps très-répandue aussi, de l'existence d'un système aquifère particulier chez les Acéphales, si des recherches récentes n'avaient montré jusqu'à l'évidence que les prétendus canaux aquifères ne sont autre chose qu'une portion du système sanguin.

Les plus anciennes observations ont fait connaître la disposition générale des organes respiratoires chez ces Mollusques, et des recherches ultérieures ont appris de nouvelles particularités. On sait que les organes respiratoires des Acéphales sont des branchies toujours flottantes sur les côtés de l'abdomen, consistant ordinairement en deux paires de lames, dont l'une s'atrophie dans quelques cas, ayant leur bord inférieur libre et l'autre adhérent; que ces lames branchiales se réunissent chez divers types en arrière de l'abdomen, mais qu'en général elles demeurent libres dans toute leur longueur. Il est bien connu que chaque lame branchiale est formée par un repli cutané, dont les feuillets sont unis par de nombreuses cloisons transversales, garnies extérieurement de cils vibratiles; que cette structure est la plus ordinaire chez les Acéphales, mais que chez certains types les lames branchiales sont divisées en une multitude de filaments plus ou moins larges.

Enfin, l'on sait que l'eau qui va baigner les organes respiratoires y arrive par des fentes du manteau ou par un tube affecté à cet usage, et qu'elle est rejetée par un autre tube ou simplement par la fente anale du manteau.

A l'égard des organes de sécrétion, il est assez généralement admis que la plupart des Acéphales possèdent, de chaque côté de la région dorsale, deux corps glanduleux, déterminés comme des reins; mais il est vrai de dire que ces organes sont loin d'avoir encore été bien étudiés, soit dans leur structure, soit dans leurs connexions, soit dans leur véritable rôle physiologique.

En dernière analyse, le point où règne encore, dans la science, la plus grande obscurité dans l'organisation des Acéphales est relatif aux organes de la génération. Il y a plus d'un siècle, ces Mollusques, d'après l'idée qu'en avait conçue Leeuwenhœk, étaient regardés comme ayant les sexes séparés; plus tard, les naturalistes les considérèrent tous comme hermaphrodites; et actuellement, d'après l'ensemble des observations publiées depuis quinze ans, si l'on admet leur exactitude, on est conduit à dire que les sexes sont séparés chez un grand nombre d'Acéphales, et qu'ils sont réunis, au contraire, chez plusieurs types de cette classe.

Toutefois il est bien connu que les ovaires occupent surtout les parties latérales de l'abdomen, en recouvrant plus ou moins les autres viscères, et il est admis généralement que les testicules occupent à

2

peu près la même région du corps; mais l'incertitude se trouve de toutes parts en ce qui concerne leur configuration, et plus encore leur structure et leurs conduits excréteurs.

*

A l'égard des Mollusques acéphales, nous sommes donc sur un terrain déjà bien souvent exploré. En réalité, un nombre de faits considérable est entré dans la science en ce qui touche l'organisation de ces animaux; cependant le champ qui reste à parcourir n'est-il pas encore bien vaste? Nous avons indiqué l'état de la science sur ce sujet; n'est-il pas évident qu'une étude plus détaillée de chaque système d'organes est devenue nécessaire pour bien connaître le type zoologique qui nous occupe ici? Car le système nerveux splanchnique, comment est-il constitué? Cette question n'est pas résolue; son existence même est encore une question. Toutes les artères, comment sont-elles distribuées? Les trajets veineux, quels sont-ils exactement? Tout ceci reste à suivre d'une manière plus détaillée qu'on ne l'a fait encore. Les organes de sécrétion et de reproduction ne réclament-ils pas les investigations les plus minutieuses pour être véritablement connus chez une seule espèce?

L'étude d'un seul type peut avancer beaucoup, sans doute, plus d'une question; mais alors, plus ici que pour bien d'autres groupes du règne animal, ne nous reste-t-il pas à rechercher les différences que présentent entre eux les différents systèmes organiques, comparés chez les types des familles naturelles? ne nous reste-t-il pas à préciser les modifications et les coïncidences dans les modifications? ne nous reste-t-il pas à montrer toutes les ressemblances et toutes les différences des Acéphales comparés les uns aux autres? en un mot, à faire ressortir les affinités naturelles et à montrer enfin les coïncidences entre les particularités organiques et les caractères fournis par les parties extérieures?

Famille des PHOLADIDES (*PHOLADIDÆ.*)

Comme toutes les familles de la classe des Mollusques Acéphales, distinguées jusqu'ici à peu près uniquement d'après la forme et les caractères des coquilles, la famille des Pholadides a été envisagée très-diversement par les naturalistes.

Pour Lamarck, cette division zoologique comprenait deux genres : les Pholades (*Pholas*) et les Gastrochènes (*Gastrochæna*); ces derniers sont considérés aujourd'hui avec raison comme n'ayant pas avec les premiers d'affinités de nature à les faire ranger dans un même groupe.

Pour Cuvier, il n'existait pas de famille dont le genre Pholade serait le type. Ces Mollusques étaient classés par l'auteur du *Règne animal* dans sa cinquième division des Acéphales testacés, la famille des *Enfermés*, avec les Myes, les Solens, les Tarets, les Fistulanes, les Gastrochènes, les Arrosoirs, etc., c'est-à-dire avec des types qui s'en éloignent à beaucoup d'égards.

Pour De Blainville, une famille des *Adesmacés* comprenait à la fois les Pholades, les Tarets, les Fistulanes et les Cloisonnaires.

Pour les zoologistes modernes en général, la famille des Pholadides doit être réduite aux Pholades et aux Tarets.

De semblables divergences montrent assez combien ces Mollusques, que tant de naturalistes ont essayé de classer, sont demeurés imparfaitement connus jusqu'à présent.

*

Aujourd'hui le genre Pholade nous paraît devoir rester seul dans la famille des Pholadides. Les conchyliologistes actuels pensent en général, comme on vient de le voir, que les Tarets doivent être classés dans la même division; mais les caractères fournis par l'ensemble de l'organisation ne nous semblent pas de nature à justifier un rapprochement aussi intime entre les deux types. On ne tardera pas à se convaincre de ce fait par l'examen des détails anatomiques présentés dans le cours de cet ouvrage.

Les *Mya* et quelques genres voisins de celui-ci se rapprochent en réalité considérablement des Pholades; il a fallu que les auteurs portassent bien peu d'attention aux animaux et attachassent bien trop d'importance à certains caractères tirés des coquilles pour ne pas s'être aperçus le moins du monde de l'affinité étroite existant entre les Myes et les Pholades. Cependant, malgré cette parenté évidente entre les deux types, il nous a semblé qu'il y aurait quelque désavantage à les réunir dans une même famille.

Nous considérons donc actuellement les Pholadides comme comprenant seulement l'ancien genre *Pholas* des auteurs.

*

Les Pholades ont un corps assez épais, un manteau fermé en grande partie, ouvert en avant pour le passage du pied, avec les bords simplement un peu ondulés, et un lobe musculeux antérieur recourbé en arrière; un pied court, tronqué antérieurement; deux tubes ou siphons postérieurs, réunis et frangés à leur extrémité; des branchies doubles, minces, lamelleuses; deux muscles adducteurs, dont l'antérieur très-petit.

Ces Mollusques ont une coquille bivalve, oblongue, mince, ordinairement blanche, avec des côtes ou des stries dentées en manière de râpe; les deux valves à peu près semblables l'une à l'autre, bâillantes aux deux extrémités, ayant leur bord postérieur recourbé en dehors; des pièces accessoires sur la charnière; la charnière des deux valves pourvue au-dessous du bord d'une dent large et longue, un peu recourbée; un ligament interne extrêmement petit ou presque nul.

Ces animaux sont essentiellement térébrants; ils perforent des corps d'une grande dureté, des pierres calcaires, du bois, etc. On verra bientôt que cette faculté que possèdent les Pholades de se creuser des cavités a donné lieu à une foule de dissertations et de discussions. Une fois logés dans leur trou, ces Mollusques paraissent y vivre très-sédentaires.

Les Pholades sont médiocrement nombreuses en espèces; on les a rencontrées dans la plupart des mers. Quelques conchyliologistes les ont séparées en plusieurs genres; d'autres ont repoussé ces divisions. Nous verrons plus loin quelle est l'importance des modifications observées dans ce type malacologique.

LA PHOLADE DACTYLE (*PHOLAS DACTYLUS*).

PHOLAS DACTYLUS. Linné, *Systema naturæ*, p. 1110.
Lamarck, *Histoire naturelle des animaux sans vertèbres*, t. V, p. 444.
Sowerby, *The genera of recent and fossil shells.*
(ANATOMIE.) *Poli Testacea utriusque Siciliæ*, t. I, p. 40-43, pl. VII et pl. VIII.
Delle Chiaje Descrizione e Notomia degli animali invertebrati delle due Sicilie.
Deshayes, *Exploration scientifique de l'Algérie.* — Mollusques.

L'animal est d'une forme allongée, avec le manteau médiocrement ouvert en avant, et la partie tronquée du pied en forme de losange.

La coquille est longue, rétrécie postérieurement, avec les côtes dentées et rugueuses, le bord antérieur uni et saillant.

Cette espèce est répandue dans une grande partie des mers d'Europe; elle s'enfonce dans les rochers, dans les tourbières marines, quelquefois aussi dans les bois.

Elle a été plusieurs fois l'objet d'investigations anatomiques.

SYSTÈME TÉGUMENTAIRE.

Chez les Mollusques Acéphales, outre la peau qui revêt le corps, il y a cette portion dorsale libre entourant l'animal que l'on appelle le manteau. C'est là, comme on l'a vu, l'un des caractères de la classe des Acéphales.

Ce tégument, qu'il soit libre ou fixé sur les parties qu'il est destiné à protéger, est toujours d'une minceur extrême; on y distingue cependant deux couches, l'une superficielle, l'épiderme, qu'il est fort difficile d'isoler, tant elle est mince et adhérente à l'autre couche. Examinée sous le microscope, même sous des grossissements assez considérables, on ne voit dans toute l'étendue de la membrane qu'un tissu homogène, sans fibres apparentes. La couche inférieure (1), le derme, encore très-mince, a cependant déjà une certaine épaisseur. Considérée sous un grossissement d'environ 300 diamètres, elle se montre transparente, avec des stries en divers sens d'une extrême finesse, paraissant constituer une sorte de feutrage assez lâche, et une grande quantité de petits corps arrondis, en général assez réguliers. Si l'on imbibe cette membrane d'un peu d'acide, les corpuscules se désagrègent rapidement; il y a donc lieu de regarder ces granulations comme les corpuscules calcaires servant à la formation et à l'accroissement de la coquille.

Dans la couche cutanée qui recouvre les siphons, on ne retrouve plus ces corpuscules du manteau; le tissu est finement granuleux dans toute son étendue, et sa surface est hérissée de petites papilles dont l'usage n'est pas bien déterminé; cependant ces papilles ont très-probablement pour fonction de sécréter une enveloppe foliacée, visqueuse, qui revêt les siphons et s'en laisse détacher à la manière d'un doigt de gant.

*

La coquille du *Pholas dactylus*, en dessus (2), outre les stries d'accroissement, qui restent très-distinctes dans toute son étendue, présente, surtout antérieurement, des séries transversales de dents ayant exactement l'apparence des dentelures d'une râpe ou d'une forte lime; ces saillies sont d'autant plus fortes qu'elles sont plus rapprochées du bord. Au-dessus de la portion antérieure de la charnière, il y a un espace lisse et un rebord marginal circonscrivant une gouttière divisée par une douzaine de cloisons transversales, formant ainsi une série de petites loges (3). On verra bientôt l'usage de cette singulière conformation de la coquille, conformation qui ne se retrouve pas chez les autres Mollusques Acéphales. A l'intérieur, la coquille est lisse, légèrement inégale, avec les impressions musculaires très-peu apparentes et surtout très-imparfaitement circonscrites. Antérieurement il y a un large rebord un peu convexe, faiblement strié en long et en travers, avec une série longitudinale de petits enfoncements irréguliers; au-dessous du rebord s'avance une lame longue et large, un peu recourbée et plus ou moins arrondie au bout (4).

En rapprochant les deux valves de la coquille d'une Pholade, et les considérant par le dos, on voit qu'elles ne se rejoignent pas, comme chez la plupart des autres Acéphales : il y a en avant et en arrière un vide considérable; mais quand l'animal occupe sa coquille, ces espaces sont en grande partie comblés par des pièces particulières. En avant, il existe toujours un espace libre donnant passage à un prolongement musculeux du manteau qui sera décrit plus loin. Ce lobe néanmoins ne reste pas à nu, il est recouvert par deux pièces planes, ovalaires, juxtaposées au milieu par leur bord interne; ces pièces calcaires surajoutées, qui, dans les ouvrages de conchyliologie, sont généralement désignées sous le nom de *pièces accessoires*, sont minces, avec des stries semi-circulaires indiquant leur accroissement.

L'espace postérieur laissé vide entre les deux valves est aussi en grande partie rempli par une troisième pièce accessoire, allongée, irrégulière, de forme même un peu variable suivant les individus. Cette pièce est maintenue à chaque bord des valves par une membrane ligamenteuse médiocrement adhérente (5).

(1) Pl. I, fig. 1.
(2) Pl. I, fig. 1 et 2.
(3) Pl. I, fig. 3.
(4) Pl. I, fig. 4.
(5) Pl. I, fig. 2.

*

La structure des coquilles a été, il y a déjà longtemps, l'objet des investigations des naturalistes. On a souvent cité les recherches de Hérissant, qui datent du siècle dernier (1). Cet observateur reconnut le premier dans les coquilles deux substances, l'une organique, l'autre inorganique. Depuis, on s'est beaucoup occupé de la question au point de vue des différences de structure entre les coquilles appartenant aux divers groupes, et au point de vue des distinctions zoologiques. Nous avons déjà mentionné les travaux de MM. Shuttleworth et Carpenter, conçus dans cet esprit.

Les observations de M. Carpenter ont établi qu'il existait de grandes différences dans la structure des coquilles bivalves; que chez les unes la partie organique consistait en une membrane d'une minceur extrême, ne présentant pas la plus légère trace de structure, même étant examinée sous les plus forts grossissements; que chez les autres cette membrane, au contraire, offrait des cellules prismatiques coniques, comme les loges d'un gâteau d'abeilles, et que dans tous les cas la substance calcaire se trouve déposée en plus ou moins grande masse, en affectant des formes cristallines (2).

*

La coquille de la Pholade appartient à la première des deux catégories indiquées par M. Carpenter. Si au moyen d'un acide on détruit toute la matière calcaire, on n'obtient qu'une sorte de pellicule de la plus grande ténuité, parfaitement homogène, sans aucune structure apparente. Encore cette membrane est-elle si peu résistante, qu'il est nécessaire, pour en obtenir des lambeaux, d'étendre l'acide avec beaucoup d'eau, et de procéder ainsi avec beaucoup de soin et de lenteur. Malgré les plus grandes précautions, nous n'avons jamais réussi néanmoins à dégager la membrane entière d'une coquille de Pholade. Aussi, en examinant des coupes minces de coquilles de ce genre de Mollusques, on n'y voit pas cette structure élégante qui se rencontre chez un grand nombre d'autres types de la classe des Acéphales. Point de disposition celluleuse; quelque chose de fort analogue à ce qui a été découvert par M. Carpenter dans certaines portions de la coquille des Myes (3).

Les coupes minces des coquilles de Pholade dactyle sont blanchâtres, transparentes, montrant sur toute leur surface une structure tout à fait homogène; ce sont de petits amas de matière cristalline, très-rapprochés les uns des autres. Entre ces amas, on distingue des canalicules fort irréguliers, et s'anastomosant sur divers points (4).

SYSTÈME MUSCULAIRE.

Les muscles de la Pholade sont d'un blanc pur; examinés sous de forts grossissements, ils se montrent composés d'une multitude de fibres parallèles d'une extrême finesse; mais ces fibres n'ont ni la netteté ni la régularité qu'on leur trouve chez un grand nombre d'autres animaux (5); elles s'enchevê-

(1) *Éclaircissements sur l'organisation jusqu'ici inconnue d'une quantité considérable de productions animales, et principalement des coquilles des animaux.* — Mémoires de l'Académie royale des sciences, p. 508 (1766).

(2) *Annals and Magazine of natural history*, vol. XII, p. 377 (1843).

(3) *Report on the microscopic structure of shells. — Report of the British Association for the advancement of science* for 1844, pl. VII, fig. 14 (1845); *Report*, etc., for 1847, p. 103 (1848); et *Cyclopædia of Anatomy and Physiology*, art. *Shell*.

(4) Pl. I, fig. 6.

(5) Pl. I, fig. 7.

trent souvent les unes dans les autres, se divisent dans certains cas, et ne présentent point ces stries transversales si apparentes et si régulières dans les muscles des Articulés, par exemple.

Cette structure montre que les muscles des Acéphales ne peuvent pas agir, à beaucoup près, comme ceux des animaux plus élevés en organisation. Comparativement ils n'exécutent que des mouvements vagues, mal déterminés; et il ne paraît pas que chaque faisceau de fibres ait la faculté, en aucun cas, de se contracter tout à fait isolément : les autres faisceaux sont entraînés plus ou moins dans son mouvement. Il est facile de se convaincre de ce fait en voyant comment chez un Mollusque Acéphale à la contraction d'une partie musculaire succède aussitôt la contraction de presque toutes les autres parties. Aussi le système musculaire d'un de ces Mollusques, tout en ayant encore un certain développement, est-il fort simple en réalité.

*

En examinant les muscles d'une Pholade, on reconnaît de suite que nous n'en avons que fort peu à distinguer : ce sont les adducteurs, les grands palléaux, les palléaux marginaux, les muscles des siphons et les muscles abdominaux.

*

Muscles adducteurs. — Ces muscles servent à fixer l'animal à la coquille, et à maintenir le corps de manière à éviter tout affaissement. Ils s'attachent par leurs extrémités aux deux valves de la coquille sur lesquelles ils laissent souvent d'assez fortes impressions, dont les conchyliologistes tiennent compte ordinairement dans leurs ouvrages descriptifs. Il y a deux adducteurs chez les Pholades; certains auteurs ont dit qu'il n'y en avait qu'un seul; l'erreur est due à cette circonstance que l'adducteur antérieur est très-petit, rudimentaire même, paraissant figurer là simplement comme un témoin.

Si l'on considère une Pholade en dessus, il n'est pas facile d'apercevoir l'adducteur antérieur, il est recouvert par le lobe réfléchi du bord antérieur du manteau, constituant un muscle antéro-dorsal. Pour en bien reconnaître la configuration, il est nécessaire de placer l'animal sur le dos, et de distendre un peu le manteau et le pied en sens inverses (1). On voit sans peine alors que l'adducteur a la forme d'un petit carré de très-médiocre épaisseur, formé de gros faisceaux de fibres dont les séparations sont assez nettement indiquées, et qu'il n'est pas aisé pourtant d'isoler, à cause d'un certain enchevêtrement dont nous avons déjà parlé.

L'adducteur postérieur est grand comparativement au premier, mais il est petit relativement à la dimension qu'on lui trouve chez les Acéphales dont les valves de la coquille sont pesantes. Il occupe la partie dorsale et postérieure du corps (2). Il est un peu plus long que large, avec ses angles légèrement arqués, comme la courbe de la coquille; son épaisseur est peu considérable, comme on le voit en en considérant les extrémités latérales, c'est-à-dire les attaches (3). La disposition des faisceaux de fibres est semblable à celle de l'adducteur antérieur : c'est un arrangement qui, au reste, ne paraît guère varier entre tous les Acéphales; les différences se montrent surtout dans le volume et dans la forme des adducteurs.

Ces muscles ont pour fonction d'écarter ou de rapprocher les deux valves de la coquille; aussi leur dimension est-elle en rapport avec l'épaisseur, avec le poids de ces valves. La Pholade ayant une

(1) Pl. I, fig. 11 *a*.
(2) Pl. I, fig. 9 *c*.
(3) Pl. I, fig. 10 *c*.

coquille très-mince, des muscles puissants n'étaient pas nécessaires pour la mouvoir. En se contractant, les adducteurs obligent les deux valves à se rapprocher; en se relâchant, ils les font bâiller.

Muscles marginaux du manteau. — Tout autour du manteau règnent des bandelettes musculaires transversales, formant une sorte de bordure nettement circonscrite (1). Ces muscles sont contenus dans l'épaisseur de la couche cutanée. Quand on a réussi à les mettre à nu, ils se présentent à l'œil sous l'apparence de petites lanières très-aplaties, se divisant plus ou moins et d'une manière tout à fait irrégulière. En suivant ces bandelettes musculaires depuis la partie antérieure du manteau jusqu'à la partie postérieure, on remarque quelques légères différences : les premières sont obliques, cette direction étant déterminée par la courbure du bord marginal; elles sont grêles, et il y a là un enchevêtrement de fibres, une sorte de feutrage; plus en arrière, ce sont au contraire de véritables bandelettes, bien transversales, se divisant plus ou moins avec une complète irrégularité. Dans la portion où les deux bords du manteau sont réunis, elles deviennent plus larges encore, tout en conservant la même direction et le même aspect; il n'existe pas de solution de continuité au milieu, au point de réunion apparent des deux côtés du manteau. En observant ces bords musculeux par leur face interne, on remarque dans la portion libre un amas de granulations blanchâtres : ce sont les corpuscules calcaires, qui là sont en masse plus considérable qu'ailleurs; ce fait n'a rien de surprenant, puisque la coquille a plus d'épaisseur en avant qu'en arrière.

Le bord du manteau montre dans son épaisseur des lignes irrégulières, souvent interrompues, noirâtres; en examinant ces lignes sous un grossissement assez considérable, on s'aperçoit qu'il y a là des fissures bien appréciables. En comprimant une portion du bord du manteau, on reconnaît bientôt que c'est par là que s'échappent les corpuscules calcaires qui viennent successivement s'ajouter au bord de la coquille.

Une particularité fort remarquable nous est fournie par le manteau de la Pholade. En avant, chaque lobe se prolonge en se recourbant en arrière, et ces deux lobes étant réunis constituent une sorte de lobe postérieur allongé et musculeux. Cet appendice s'étend au-dessus de la partie dorsale antérieure du corps (2) : c'est ainsi une espèce de muscle antéro-dorsal, dont les bords amincis forment à l'extrémité une petite dent de chaque côté. Étudié dans sa structure, l'appendice antéro-dorsal se montre composé essentiellement de fibres transverses, avec quelques fibres longitudinales peu serrées, pouvant lui permettre de se contracter non-seulement dans le sens de la largeur, mais aussi dans celui de la longueur. Sous le tégument, nous observons des corpuscules calcaires en grand nombre, et, à la surface, les fissures noirâtres que nous avons déjà trouvées sur les bords latéraux du manteau. Cet appendice, en effet, est recouvert par les pièces accessoires antérieures de la coquille (3), et c'est par ses bords que se fait l'accroissement des pièces accessoires. Si nous relevons le muscle antéro-dorsal de façon à le voir en dessous, ou si nous le considérons de profil, une série d'appendices allongés ou de

(1) Pl. I, fig. 8 *a*.
(2) Pl. I, fig. 9 *a*.
(3) Pl. I, fig. 2 et pag. 13.

tentacules allant en diminuant graduellement de longueur du premier au dernier, se montre de chaque côté (1). Ces appendices s'engagent dans les cavités du bord supérieur de la coquille, séparées les unes des autres par des cloisons que nous avons mentionnées en décrivant la coquille (2). Ces tentacules sont d'une texture très-molle, ne présentant que des fibres d'une extrême finesse. On reconnaît en outre dans le tissu la présence d'une grande quantité de corpuscules calcaires.

On ne tardera pas à voir le but de la conformation singulière du manteau de la Pholade, et en particulier le rôle du lobe antéro-dorsal.

*

Muscle cutané dorsal. — On sait que le manteau n'est adhérent au corps que par une partie fort étroite de la région dorsale. Ce point d'adhérence nous offre dans toute sa longueur un faisceau de fibres grêles, irrégulières, un peu entre-croisées sur plusieurs points (3). Ce muscle n'a d'autre usage que de permettre à l'animal de légers mouvements, de faibles contractions de sa partie dorsale.

*

Muscles palléaux postérieurs. — En arrière, les côtés du manteau sont occupés en entier par un muscle très-large et arrondi au sommet (4). Ce sont les muscles palléaux postérieurs qui s'attachent à la coquille simplement par leur bord circulaire; leur épaisseur étant peu considérable, leur attache naturellement n'offre pas une grande résistance, et paraît tout juste suffisante pour maintenir les côtés du manteau adhérents à la coquille. Les palléaux sont formés de faisceaux de fibres aplatis comme des lanières, tendant à s'écarter plus ou moins les uns des autres, vers le sommet, par suite de l'élargissement du muscle, et se divisant quelquefois plus ou moins, d'une manière tout à fait irrégulière (5).

Les palléaux n'ont pas seulement pour usage de retenir les côtés du manteau; ils servent aussi comme rétracteurs des siphons, avec lesquels ils se confondraient presque si des faisceaux de fibres musculaires transversales n'indiquaient une séparation. Par leurs contractions, les palléaux ramènent donc aisément les siphons vers l'intérieur de la coquille.

*

Tubes postérieurs ou siphons. — Ces tubes, qui dans leur état de relâchement sont aussi longs ou plus longs que tout le reste du corps, ne sont en réalité qu'un prolongement du manteau; mais ce prolongement est très-musculeux et susceptible ainsi d'une grande contractilité. A l'extérieur il n'y a qu'un seul tube, dont l'orifice est divisé par une cloison (6). En l'ouvrant longitudinalement, c'est bien encore une seule enveloppe qui existe là (7), mais au milieu il y a une cloison constituée par une membrane offrant quelques fibres musculaires transversales, propres à lui donner une certaine résis-

(1) Pl. I, fig. 10 *b*.
(2) Voyez p. 13 et pl. I, fig. 3.
(3) Pl. I, fig. 9 *b*.
(4) Pl. I, fig. 8 *c*, fig. 9 *d*, fig. 10 *d*.
(5) Pl. I, fig. 10 *d*.
(6) Pl. I, fig. 8 *d*.
(7) Pl. II, fig. 2 *c*, *g*, et pl. IV, fig. 2.

tance et une contractilité indispensable. Cette cloison nous donne ainsi deux conduits, deux tubes dans un seul. Chacun de ces conduits a son rôle particulier : l'inférieur, ou le ventral, sert de passage à l'eau qui va baigner les branchies; le supérieur, ou le dorsal, sert de passage aux matières rejetées par l'intestin.

En enlevant le tégument autour des siphons, on met à nu des faisceaux de fibres transverses, ou mieux circulaires, puisqu'ils règnent tout autour, sans solution de continuité (1). Ces faisceaux de fibres sont très-irréguliers, plus gros, plus minces, plus ou moins divisés ou enchevêtrés. Au-dessous se trouvent les faisceaux longitudinaux, non moins irréguliers que les autres, mais plus gros. Comme les fibres transversales sont loin d'être toutes juxtaposées, on voit aisément en dessous les faisceaux longitudinaux quand le tégument seul a été enlevé. Enfin, sur un troisième plan, c'est-à-dire à la face interne, on distingue encore de nouveaux faisceaux transverses ou circulaires; seulement ceux-ci sont plus aplatis et s'observent particulièrement à la base et à l'extrémité du siphon (2).

Cette disposition musculaire si simple explique parfaitement les mouvements des deux tubes. A l'aide des muscles longs, ils se retirent ou s'étendent à la volonté de l'animal; à l'aide des muscles circulaires, ils se resserrent ou s'élargissent de même, suivant le besoin de faire entrer l'eau ou de la rejeter, ainsi que les matières excrémentitielles.

Les orifices des siphons sont garnis d'espèces de petites franges ou de houppes : ce sont des bouquets isolés dont la base est fixée à la paroi interne des tubes, renforcée dans une certaine longueur par des fibres musculaires transversales (3). Ces franges, dont le tissu est formé de fibres très-délicates, dirigées en divers sens et entre-croisées, nous semblent n'avoir d'autre usage que d'augmenter le tact, que de rendre les extrémités des siphons plus sensibles au toucher des objets extérieurs. Des naturalistes ont cru voir au bout de ces houppes des yeux analogues à ceux qu'on observe au bord du manteau des Peignes, des Spondyles, etc. (4); mais nous n'avons jamais pu rien découvrir ici de semblable, et la ténuité des nerfs de ces franges, que nous avons suivis jusqu'à l'extrémité, prouvent qu'il y a eu méprise de ce côté.

Muscles abdominaux. — Nous avons décrit et représenté (5) la forme générale de la partie abdominale de la Pholade, et ce que l'on appelle ordinairement le pied. En détachant tout le tégument de cette portion du corps, on voit aussitôt qu'il n'existe qu'un seul muscle de chaque côté. Ce muscle abdominal (6) s'étend de la base de la masse abdominale à l'extrémité du pied : il est formé de faisceaux aplatis comme des lanières et allant un peu en divergeant, qui se divisent avec plus ou moins d'irrégularité, absolument comme les faisceaux musculaires du bord du manteau. Les muscles abdominaux ne peuvent servir qu'à étendre ou à retirer le pied plus ou moins.

Le pied de la Pholade paraît tronqué à l'extrémité (7); l'inspection anatomique rend compte de cette forme. Latéralement les muscles maintiennent les parois dans un certain état de rigidité; à l'extrémité,

(1) Pl. I, fig. 8 *d*.
(2) Pl. II, fig. 2.
(3) Pl. I, fig. 8 et 12, pl. II, fig. 1 et 2, pl. IV, fig. 2.
(4) Voyez Siebold, *Lehrbuch der Vergleichenden Anatomie*. — *Manuel d'Anatomie comparée*.
(5) Pl. I, fig. 11.
(6) Pl. I, fig. 11 *b*.
(7) Pl. I, fig. 2 et 11.

le tégument n'étant retenu qu'au bord par les attaches musculaires, il retombe ainsi tout droit dans l'intervalle compris entre les attaches des deux muscles latéraux.

En arrière des deux grands muscles, les parois abdominales sont maintenues simplement par quelques bandelettes musculaires plus ou moins divisées (1).

Ajoutons enfin que l'abdomen, chez la Pholade, est encore soutenu par deux cordons musculeux s'étendant de chaque côté de l'orifice buccal jusqu'au bord antérieur du manteau, en passant le long du muscle adducteur antérieur (2).

*

Dans tout le reste de l'étendue de la masse abdominale, il n'existe plus aucun muscle véritable; le tégument seul est garni de fibres délicates, entre-croisées irrégulièrement. Entre le tégument et l'appareil digestif il ne se trouve qu'un tissu lacuneux assez semblable à du tissu cellulaire ou connectif. Nous en verrons l'usage en décrivant les organes de la génération.

*

Ainsi l'examen de la myologie de la Pholade nous permet de comprendre parfaitement les mouvements que l'animal exécute pour ouvrir ou fermer sa coquille, pour faire arriver l'eau à ses branchies, pour repousser celle qui a été utilisée par les organes respiratoires, pour rejeter les matières excrémentitielles, pour comprendre aussi l'action du pied permettant à l'animal de se déplacer jusqu'à un certain point. Seulement il y a encore autre chose à considérer dans les mouvements de la Pholade : ce Mollusque se creuse des cavités. On a énormément discuté sur le moyen employé par l'animal dans cet acte. Il convient de rappeler en peu de mots les diverses opinions émises à cet égard; on verra combien l'étude de l'organisation des animaux est nécessaire pour se faire une idée de leurs moindres propriétés.

Il est inutile d'entrer dans aucun détail touchant l'opinion des anciens zoologistes sur la manière dont les Pholades creusent les pierres; ils n'ont pas fait de recherches sur ce point. Il a paru aux uns que les remarquables perforations des Pholades étaient dues à un travail purement mécanique; aux autres, et c'est le plus grand nombre, à l'action d'un acide produit par l'animal, mais le sujet les a médiocrement occupés.

Cependant, dès le siècle dernier, un auteur hollandais, Leendert Bomme, directeur de la compagnie du Commerce à Middelbourg, dont l'attention avait été appelée sur les Pholades par les dégâts que ces animaux avaient occasionnés en criblant de trous les bois employés dans les digues de l'île de Walcheren, s'était convaincu que les Pholades parvenaient à se loger en se servant de leur coquille comme d'une tarière (3).

Le mémoire de cet observateur demeura ignoré des naturalistes; c'est M. Vrolik qui récemment en a signalé l'existence (4).

Dans ces dernières années, les différentes opinions se sont manifestées d'une manière complète; des observations directes ont été suivies avec beaucoup de soin.

(1) Pl. I, fig. 11.

(2) Pl. I, fig. 11 *a*.

(3) *Mémoires de la Société scientifique de Flessingue*, 1778.

(4) Sur la question de priorité pour la découverte du mode d'action des Pholades dans la perforation des pierres. — Lettre de M. W. Vrolik. — *Comptes rendus de l'Académie des sciences*, t. XXXVI, p. 796 (1853).

M. Deshayes considérant la dureté des corps perforés par les Mollusques Acéphales, ne peut « se » persuader que ces animaux emploient des moyens mécaniques pour parvenir à leur but. » De là, il croit « pouvoir établir qu'aucune coquille perforante n'aurait assez de solidité pour produire sans usure » sur ses bords et sans altération des fines aspérités qu'elle porte, un trou si petit qu'il soit. » Aussi, l'auteur engage-t-il quiconque croit à la perforation mécanique des Mollusques Acéphales, de tenter de creuser une pierre avec la coquille de l'un de ces animaux.

Malgré l'absence d'observations, M. Deshayes admet chez les Acéphales la sécrétion d'un acide assez puissant pour attaquer les pierres les plus dures. Mais l'animal est dans l'eau, comment l'acide sécrété ne serait-il pas aussitôt entraîné par la masse du liquide environnant; comment la coquille ne serait-elle pas détruite bien plus aisément que la pierre? M. Deshayes, allant au-devant de ces objections, suppose dans le manteau des Acéphales l'existence d'un organe sécréteur spécial, que l'animal « appliquerait longtemps sur la paroi qu'il doit attaquer; par cette application, la liqueur sécrétée » serait mise en contact avec le corps qu'elle doit dissoudre, sans être préalablement délayée dans » l'eau. »

En terminant, le savant conchyliologiste adopte l'opinion que l'organe est trop étroit dans la Pholade et quelques autres types, pour être en contact à la fois avec toute la portion de la cavité habitée; sans s'embarrasser de cette difficulté, il ajoute que le soin de l'animal consiste « à l'appliquer successi- » vement sur tous les points de la cavité qu'il habite (1). »

M. Thorent acceptant les idées émises par M. Deshayes, assure qu'il résulte d'expériences faites sur plusieurs individus « de la *Pholas crispata* de nos côtes, que la présence d'un acide libre sécrété par » cet animal n'est pas douteuse, et que c'est dans les parties intestinales que cet acide existe, ainsi » que l'a fait reconnaître l'application sur cette partie du papier de tournesol. »

Selon l'observateur que nous venons de citer, la matière muqueuse produite par les Mollusques et qui constitue sur certaines coquilles la substance connue sous le nom de *drap marin*, neutraliserait les effets de l'acide sur le Mollusque et sur la coquille (2).

Un savant bien connu par ses voyages en Nubie et par ses études sur les Mollusques, M. Cailliaud, s'est occupé d'une manière toute spéciale des moyens de perforation employés par les Acéphales qui se logent soit dans les pierres, soit dans le bois. Déjà en 1843, il soutenait que les trous formés par les Pholades étaient dus à un effet purement mécanique. « Nous avons reconnu ce mouvement de rotation, disait-il, » dans les excavations des Pholades, dans le calcaire tendre, argileux, du grand port de Malte; leurs » trous sont souvent empreints des stries très-prononcées formées par les parties anguleuses des » valves, comme si elles avaient été faites au tour sur la pierre (3). »

On l'a vu; un des plus grands arguments des naturalistes qui attribuaient à l'action d'un acide les excavations des Acéphales perforants, c'est qu'aucune coquille ne résisterait au frottement nécessaire pour user des pierres d'une grande dureté. On ne pouvait mieux répondre à cela que ne l'a fait M. Cailliaud.

Ce naturaliste choisit des coquilles de Pholades de divers âges; après avoir attaché les deux valves

(1) *Quelques observations au sujet de la perforation des pierres par les Mollusques.* — *Journal de Conchyliologie*, publié par M. Petit de la Saussaye, t. I, p. 22 (1850).

(2) *De la perforation des pierres par les Mollusques.* — *Journal de Conchyliologie*, t. I, p. 171.

(3) *Notice sur le Gastrochène*, par M. Cailliaud. — *Magasin de Zoologie*, Mollusques (1843).

l'une à l'autre à l'aide d'un peu de cire à cacheter, tantôt en rapprochant complétement les valves, tantôt en les écartant légèrement, pour se mettre dans les conditions où l'animal se place lui-même, il opéra dans l'eau et sur les pierres où des Pholades s'étaient établies. Dans un très-court espace de temps, même en se servant des coquilles d'individus fort jeunes, en moins d'une heure et demie, l'expérimentateur avait ainsi creusé avec son fragile instrument un trou de 18 millimètres de profondeur et de 11 1/2 de diamètre (1).

Après cette victorieuse démonstration, M. Cailliaud chercha néanmoins de nouvelles preuves, et réussit à en apporter plus d'une. Il fit remarquer encore, dans les excavations pratiquées par les Pholades, les crénelures creusées par les aspérités des coquilles; il constata sur un nombre considérable d'individus, l'usure des aspérités, des brisures sur les bords, les fractures si fréquentes des pièces accessoires; accidents dus au travail exécuté par l'animal.

Comme on le sait, les Pholades habitent d'ordinaire les roches calcaires, facilement attaquables par les acides; cette circonstance semblait autoriser l'opinion que les trous étaient produits par l'action d'un agent chimique. M. Cailliaud eut l'heureuse chance de rencontrer sur les côtes de Poulinguen, près l'embouchure de la Loire, des centaines de Pholades logées dans une roche ignée, le gneiss surmicacé; or, ici, il serait difficile d'admettre l'action de l'acide.

L'observateur a répété sur le gneiss l'expérience qui lui avait réussi sur les pierres calcaires; là encore, il est parvenu, avec plus de peine il est vrai, à creuser lui-même avec des coquilles de Pholades des trous d'une certaine profondeur (2).

S'il ne s'agissait que de simples assertions, on pourrait peut-être ne pas cesser de douter, mais M. Cailliaud a montré à toutes les personnes qui s'intéressent à ces sortes de sujets d'histoire naturelle, les pièces les plus propres à convaincre; il en a déposé dans différents Musées, il a opéré en présence de plusieurs personnes; tous les faits qu'il a avancés sont irrécusables.

Le même auteur a réuni dans un travail qui vient d'être couronné par la Société des sciences de Harlem, l'ensemble de ses observations sur les moyens de perforation des Mollusques Acéphales. Nous aurons plus tard sans doute à citer cet ouvrage.

D'un autre côté, un observateur écossais, M. Robertson, dont les recherches ont été livrées à la publicité plus récemment, s'est occupé du même sujet. Il a tiré des Pholades de leur retraite et les a placées sur des pierres dans des vases remplis d'eau de mer, de façon à voir s'exécuter sous ses yeux le travail de ces animaux. Il a vu alors le Mollusque se servir de ses valves comme d'une râpe, agissant quelquefois d'un côté avec une seule valve; la pierre pulvérisée était rejetée par le pied dans la cavité palléale et expulsée par le siphon branchial. L'observateur a constaté que pendant le travail, la coquille décrivait des mouvements oscillatoires, une sorte de demi-rotation que l'animal lui imprimait à l'aide de son pied. De là, l'auteur conclut que les Pholades n'ont pas d'autre dissolvant que l'eau, ni d'autre moyen que leur coquille agissant à la manière d'une râpe, et leur siphon à la manière d'une seringue. M. Robertson, qui a pu, à Brighton, conserver ces Mollusques chez lui, déclare avoir rendu témoins de leur travail un grand nombre de personnes, et notamment le célèbre paléontologiste, le docteur Mantell (3).

Ajoutons que sur toute la côte qui s'étend du Havre à Étretat, des milliers de Pholades sont enfoncées dans une sorte de tourbe, dans laquelle on ne parviendrait pas à creuser des trous à l'aide d'un

(1) *Nouvelles observations au sujet de la perforation des pierres par les Mollusques.* — *Journal de Conchyliologie*, t. I, p. 363 (1850).

(2) *Note sur un nouveau fait relatif a la perforation des pierres par les Pholades.* — Nantes, 1852.

(3) *Notice sur la perforation des pierres par le* Pholas dactylus. — *Journal de Conchyliologie*, t. IV, p. 311 (1853).

acide. Ajoutons encore, que dans une infinité de localités, les habitants du littoral mangent les Pholades, et que ces animaux ne présentent au goût rien d'acide; que leur coquille n'est jamais enduite d'aucune mucosité de nature à la protéger contre les effets d'une substance agissant sur les pierres. Sans doute, des liquides tirés de ces Mollusques peuvent présenter une certaine acidité, rougir le papier de tournesol, comme cela a été constaté par diverses personnes et par M. Cailliaud lui-même (1). Mais de là à la production d'un acide spécial assez énergique pour creuser des trous profonds parfaitement délimités, dans des pierres d'une grande dureté, baignées par l'eau, il y a loin.

On peut donc regarder comme positifs les faits établis par M. Cailliaud et les détails intéressants que M. Robertson est venu y ajouter.

Examinons maintenant comment les muscles sont mis en jeu chez la Pholade, dans les mouvements qu'elle exécute pour se loger.

A l'aide de son pied, qui est extensible, la Pholade prend adhérence sur les corps environnants et parvient ainsi à se déplacer, du reste avec une extrême lenteur. Sur le point de chercher à pénétrer dans une pierre ou dans un banc tourbeux, on le sait, le Mollusque est dans une position renversée, c'est-à-dire que la partie antérieure de son corps est tournée en bas, et la partie postérieure dirigée en haut. Dans cette situation, l'animal se maintient plus ou moins verticalement en étendant son pied autant que possible, et le fixant sur la pierre. Ce pied est tronqué (2); son extrémité présente donc une surface à peu près plane qui adhère fortement aux corps sur lesquels elle vient s'appliquer. Nous en avons été témoin très souvent, et d'ailleurs nul n'ignore combien les Mollusques se fixent solidement sur des roches, à l'aide de leur pied musculeux. Certains Gastéropodes, tels que les Patelles, les Haliotides, les Oscabrions, etc., sont remarquables sous ce rapport.

Voici une Pholade placée sur une pierre qu'elle est prête à entamer; sa partie la plus pesante est en bas, sa partie la plus légère en haut ; un appui très-faible lui suffira pour se maintenir dans cette situation et ne pas tomber sur le côté. L'appui est fourni par le pied; mais le pied sortant presque horizontalement par l'ouverture du manteau (3), le Mollusque ne pourra conserver une position absolument verticale que si le pied rencontre une partie de la pierre plus saillante que celle où porte l'extrémité des valves de la coquille; si la surface est à peu près plane, le pied, pour venir chercher un point d'adhérence, entraîne plus ou moins la coquille, et alors celle-ci prend une position plus ou moins oblique. C'est là ce qui explique la direction variable que présentent les trous de Pholades.

D'un autre côté, si la coquille peut être entraînée par le pied, ce mouvement est contre-balancé en sens inverse d'une manière très-sensible par le muscle antéro-dorsal, qui est protégé par les pièces accessoires de la coquille (4). En se contractant, il tend à ramener tout l'animal dans une direction opposée à celle qui lui a été imprimée par le mouvement du pied. Il est aisé de se convaincre de la réalité de ce fait, chez une Pholade vivante, en excitant ce muscle de façon à le forcer à se contracter.

Ce sont les individus très-jeunes qui ont particulièrement besoin de creuser la cavité dans laquelle

(1) *Observations et nouveaux faits sur les Mollusques perforants en général.* — *Comptes rendus de l'Académie des sciences*, t. XXXIX, p. 34 (1854).

(2) Pl. I, fig. 1 et 8.

(3) Pl. I, fig. 1 et 8.

(4) Pl. I, fig. 9 *a* et 10 *b*.

ils doivent vivre; en avançant en âge ils ont seulement à l'agrandir. Il ne paraît pas que les Pholades une fois établies sur un point aient à changer de place, à moins d'accidents sans doute fort rares; or, chez les jeunes individus, le pied étant plus extensible que chez les adultes, la position que l'animal est dans la nécessité de prendre pour s'enfoncer devient plus facile à maintenir.

Notre Mollusque ayant les moyens de se poser convenablement pour opérer son travail, voyons comment il doit agir pour l'exécuter. D'abord, il n'est pas inutile de remarquer la forme de l'instrument de perforation (1). C'est l'extrémité antérieure des valves de la coquille qui est destinée à entamer la substance dans laquelle l'animal va se loger; cette extrémité n'offre-t-elle pas une condition parfaite? Rétrécie et très-épaissie du côté de la charnière, elle a une résistance considérable; garnie de dentelures sur son bord, elle a le moyen de mordre sur la pierre, même sous un effort assez médiocre.

Il est nécessaire pour l'animal d'opérer le mouvement de *va-et-vient* propre à accomplir l'opération. Sur des Pholades vivantes, il est aisé de voir comment alors les muscles sont mis en jeu. Du même côté du corps, ils se contractent tous à la fois, et subitement l'animal et sa coquille sont entraînés dans ce sens; la contraction ayant lieu ensuite du côté opposé, le mouvement s'effectue dans l'autre direction. Voici de quelle façon on peut reconnaître ce fait : en prenant une Pholade bien vivante que l'on soutient dans une position verticale, si l'on excite soit les muscles palléaux, soit les muscles adducteurs, après avoir brisé une petite partie de la coquille, de manière à pouvoir les atteindre, on voit se manifester la contraction et le mouvement que l'on vient d'indiquer. Le rapprochement et l'écartement des valves de la coquille rendent encore les mouvements plus variés et plus énergiques.

La Pholade est donc parfaitement organisée pour creuser; il eût suffi de l'étude de ses muscles et des mouvements qu'elle est apte à exécuter pour se convaincre qu'un agent chimique ne lui était pas nécessaire.

L'observation de M. Robertson sur la manière dont l'animal se débarrasse de la pierre pulvérisée par les courants qu'il fait arriver et qu'il rejette au moyen de son siphon, achève de mettre en lumière ce qui aurait pu rester de difficile à concevoir dans l'opération qu'exécute notre Mollusque.

Une fois l'excavation commencée, l'extrémité de la coquille engagée, l'animal se trouve plus facilement maintenu dans la position qu'il doit conserver. Le travail continuant, la portion la plus large de la coquille va agir et ses aspérités contribuer à élargir le trou. Or, ici, remarquons l'épaississement énorme de la charnière et la saillie de son bord rabattu extérieurement qui sert à protéger les parties les plus faibles de la coquille (2); cette portion a une extrême dureté. En examinant tous ces détails, on n'est plus surpris du résultat obtenu par le Mollusque, parvenu à se loger dans une roche. En arrière de la charnière, la coquille, s'amincissant, n'a plus guère de frottement à éprouver; ses aspérités s'amoindrissent considérablement; elles disparaissent vers le bout, où elles deviennent tout à fait inutiles.

En parlant de la fragilité de la coquille des Pholades comme d'un obstacle manifeste pour agir sur des corps d'une grande dureté, on a omis de distinguer entre les parties de la coquille : les parties qui ne sont pas destinées à agir sont fragiles; au contraire, les parties destinées à entrer en action sont très-solidement constituées.

SYSTÈME NERVEUX.

Comme chez tous les Mollusques Acéphales, le système nerveux de la Pholade est binaire, symétrique, et constitué essentiellement par trois paires de masses médullaires : les ganglions cérébroïdes ou

(1) Pl. 1, fig. 1, 2, 3 et 4.
(2) Pl. 1, fig. 3 et 4.

le cerveau, les ganglions abdominaux et les ganglions postérieurs ou branchiaux. Il y a en outre quelques noyaux accessoires.

Les centres nerveux ont tous une coloration jaune bien prononcée; leur consistance est très-molle. Formés d'une multitude d'utricules entre lesquelles il y a peu de cohésion, si l'on vient à déchirer le névrilème, cette pulpe se répand avec la plus grande facilité. Du reste, par l'examen microscopique, nous n'avons pu constater qu'une parfaite homogénéité dans cette substance nerveuse (1).

Le névrilème a au contraire une grande résistance; cette résistance est telle que si l'on fait sortir toute la pulpe médullaire, le névrilème conserve à peu près la forme du ganglion.

Dans la constitution des nerfs, malgré des observations cent fois répétées, nous n'avons pas réussi à distinguer autre chose qu'un seul faisceau de fibres naissant des corps ganglionnaires. Aucune fibre ne nous a paru passer au-dessus ou au-dessous de la pulpe des masses médullaires abdominales et branchiales.

Ainsi, en examinant aux deux extrémités l'origine des connectifs qui unissent les ganglions cérébroïdes aux ganglions abdominaux et aux ganglions branchiaux (2), nous avons vu les fibres nerveuses se perdre au point où elles sont en contact avec la pulpe médullaire (3). S'il existe dans les nerfs de ces Mollusques des faisceaux de fibres particuliers pour la sensibilité et la motilité, par aucun moyen nous ne sommes parvenu à les rendre distincts, comme on y parvient si aisément chez la plupart des Articulés à l'aide de certains agents et notamment de l'essence de térébenthine, qui a la propriété de raffermir et de rendre d'un blanc opaque le système nerveux de la plupart des animaux invertébrés.

Dans les nerfs de la Pholade comme dans ceux de tous les Acéphales en général, les fibres sont parallèles, peu tendues, faiblement serrées et extrêmement molles. Le névrilème qui les entoure est au contraire très-solide. Cette structure permet sans grande difficulté de faire passer une injection dans les gros troncs nerveux. En ouvrant soit le ganglion, soit le nerf lui-même pour introduire l'extrémité de la seringue, on arrive aisément à faire pénétrer un liquide coloré. Le liquide refoule les fibres nerveuses, et le névrilème remplit l'office des parois d'un vaisseau. Il va sans dire que l'injection ne saurait jamais s'étendre bien loin ; les fibres nerveuses refoulées et accumulées sur un point constituent tout aussitôt un obstacle invincible au passage du liquide injecté.

Chez les Acéphales, les ganglions cérébroïdes n'ont aucune prédominance manifeste sur les autres centres médullaires, soit par leur volume, soit par l'importance des organes auxquels ils envoient leurs nerfs. Dans la Pholade même leur dimension comparée à celle des ganglions postérieurs ou branchiaux est très-réduite. S'ils ont une prédominance, on peut la voir seulement dans leur position antérieure, et dans ce fait qu'ils sont unis par des connectifs, d'une part, aux ganglions abdominaux, et d'autre part, aux ganglions postérieurs, tandis que ceux-ci ne sont pas unis entre eux.

D'après la disposition et la structure du système nerveux de ces Mollusques, on doit croire que le sentiment d'une impression extérieure peut être reçu au même degré et indifféremment par l'un ou l'autre des centres médullaires, suivant la partie du corps qui est affectée. Des expériences faites sur les animaux vivants sont de nature à confirmer pleinement cette opinion.

Si sur une Pholade ou tel autre Acéphale vivant on touche les parties environnantes de la bouche, en ayant soin de ne produire aucun ébranlement sur les autres points du corps, on voit aussitôt se contracter chez l'animal la portion parcourue par les nerfs qui naissent des ganglions céré-

(1) Pl. II, fig. 3.
(2) Pl. II, fig. 4 c, 5 b, 6 b.
(3) Pl. II, fig. 3.

FAMILLE DES PHOLADIDES. *PHOLADIDÆ.*

GENRE PHOLADE. *PHOLAS.* LINNÉ.

SYSTÈME TÉGUMENTAIRE ET SYSTÈME MUSCULAIRE. — (PHOLAS DACTYLUS. Linné.)

FIG. 1. L'animal dans sa coquille, de grandeur naturelle, vu par-devant.

a, coquille. — *b*, bord du manteau de l'animal. — *c*, tubes ou siphons.

FIG. 2. Le même vu par le dos.

a, coquille. — *b*, ses pièces accessoires antérieures. — *c*, sa pièce accessoire postérieure. — *d*, tubes.

FIG. 3. Portion antérieure de la coquille vue en dessus pour en montrer le bord et les cloisons entre lesquelles pénètrent les tentacules du muscle antéro-dorsal.

FIG. 4. La même portion de la coquille vue en dedans pour en montrer la charnière.

FIG. 5. Structure de la coquille.

FIG. 6. Structure de la membrane cutanée.

FIG. 7. Structure de la fibre musculaire.

FIG. 8. L'animal entier, vu par-devant et dépouillé de sa membrane cutanée pour en montrer les muscles.

a, muscles marginaux. — *b*, muscle adducteur postérieur. — *c*, muscles palléaux postérieurs. — *d*, muscles des siphons.

FIG. 9. L'animal vu du côté dorsal.

a, muscle des pièces accessoires ou antéro-dorsal. — *b*, muscle cutané dorsal. — *c*, muscle adducteur postérieur. — *d*, muscle palléal postérieur.

FIG. 10. L'animal vu de profil.

a, muscles marginaux. — *b*, muscle antéro-dorsal. — *c*, muscle adducteur postérieur. — *d*, muscle palléal. — *e*, origine des siphons.

FIG. 11. Portion de l'animal vu par-devant, avec l'abdomen rejeté sur le côté gauche.

a, muscle adducteur antérieur. — *b*, muscles abdominaux.

FIG. 12. Portion très-grossie des franges terminales des siphons.

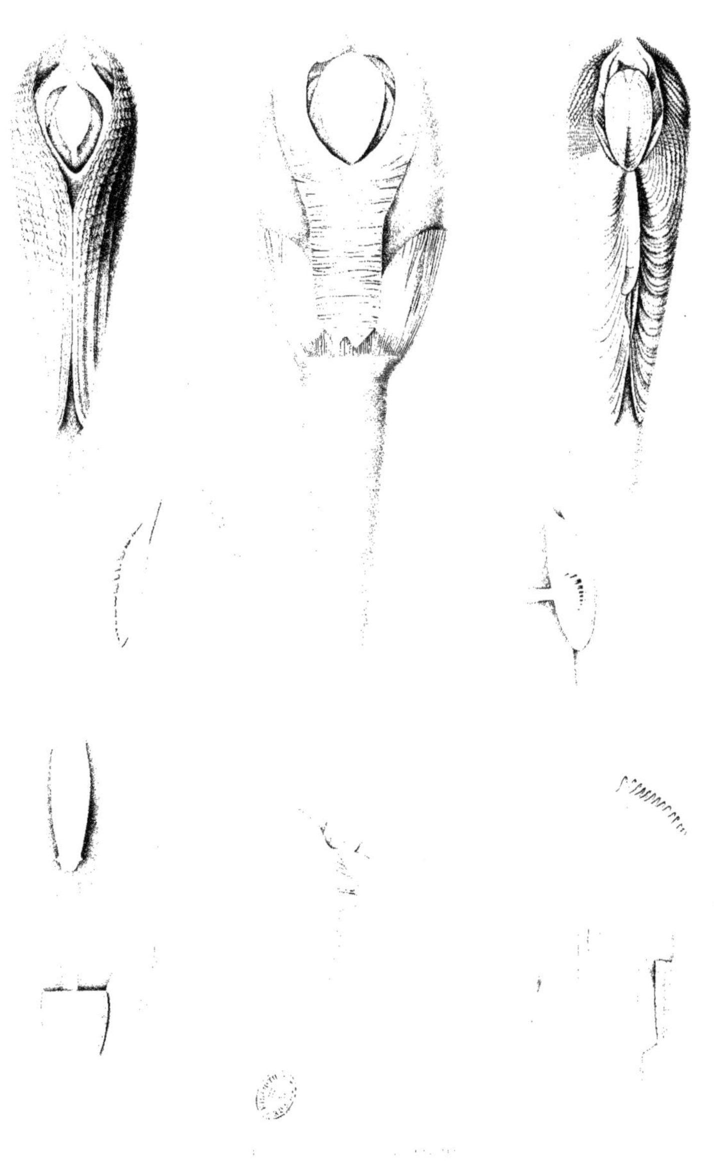

Famille des PHOLADIDES. *PHOLADIDÆ.*

Genre PHOLADE. *PHOLAS.* Linné.

Fig. 1. Système nerveux. — (Pholas dactylus. Linné.)

L'animal grossi au double, vu en dessus pour montrer la position des ganglions cérébroïdes et des ganglions abdominaux. Pour indiquer cette faible portion du système nerveux, on a cru devoir représenter l'animal en entier, afin de donner une idée bien exacte du peu de volume de ces centres médullaires, comparativement à la dimension du corps. — *a*, les ganglions cérébroïdes unis par une étroite commissure; ces centres nerveux offrant en arrière les connectifs qui s'enfoncent dans l'organe hépatique et s'unissent aux ganglions branchiaux; et sur les côtés les nerfs palléaux et le nerf du muscle des pièces accessoires de la coquille *c*, rejeté ici en avant. — *b*, les ganglions abdominaux réunis sur la ligne médiane.

Fig. 2. L'animal est placé sur le dos; le manteau et les siphons sont fendus sur la ligne médiane, dans toute leur longueur, et étalés de chaque côté. Les deux branchies ont été séparées l'une de l'autre pour ne pas masquer les autres organes; l'une *f* a été laissée entière, l'autre a été coupée. La masse abdominale *e* a été rabattue sur le côté. — *a*, l'un des ganglions cérébroïdes vu de profil, fournissant le connectif qui l'unit aux ganglions branchiaux, et sur les côtés le nerf palléal. — *b*, ganglion abdominal vu de profil et tous les nerfs qui en dérivent et se distribuent au tissu musculaire de la masse abdominale. — *d*, les tentacules labiaux. En arrière de la masse abdominale, entre les branchies, on distingue les ganglions branchiaux, placés sur le muscle adducteur, au-devant de l'anus. Ils fournissent les nerfs branchiaux et les nerfs siphoniens *c*, présentant sur leur trajet plusieurs noyaux médullaires. — *g*, l'extrémité des siphons. On a laissé intacte, dans une très-petite longueur, la cloison qui les sépare l'un de l'autre.

Fig. 3. L'un des ganglions cérébroïdes, isolé et très-grossi pour montrer la structure utriculaire.

Fig. 4. Portion antérieure du système nerveux vu en dessus, pour montrer tous les nerfs qui se distribuent dans la région supérieure du corps.

a, ganglions cérébroïdes. — *b*, leur commissure. — *c*, la portion antérieure des connectifs qui les unissent aux ganglions branchiaux. — *d*, les nerfs palléaux. — *e e*, les nerfs qui se distribuent à la partie du manteau qui recouvre les tentacules labiaux. — *f*, les nerfs du muscle adducteur antérieur. — *g*, les nerfs du muscle dorsal. — *h*, les ganglions abdominaux.

Fig. 5. Les ganglions branchiaux placés sur le muscle adducteur postérieur, isolés et très-grossis.

a, les deux ganglions formant une seule masse. — *b*, l'origine des connectifs qui les unissent aux ganglions cérébroïdes. — *c*, l'origine des nerfs branchiaux. — *d*, les grands nerfs siphoniens, montrant sur leur trajet plusieurs noyaux médullaires *e e*. — *f*, l'anus.

Fig. 6. L'un des ganglions cérébroïdes et une partie de son connectif, pour montrer les nerfs qu'ils distribuent aux tentacules labiaux.

a, ganglion cérébroïde. — *b*, connectif. — *c*, tentacule labial.

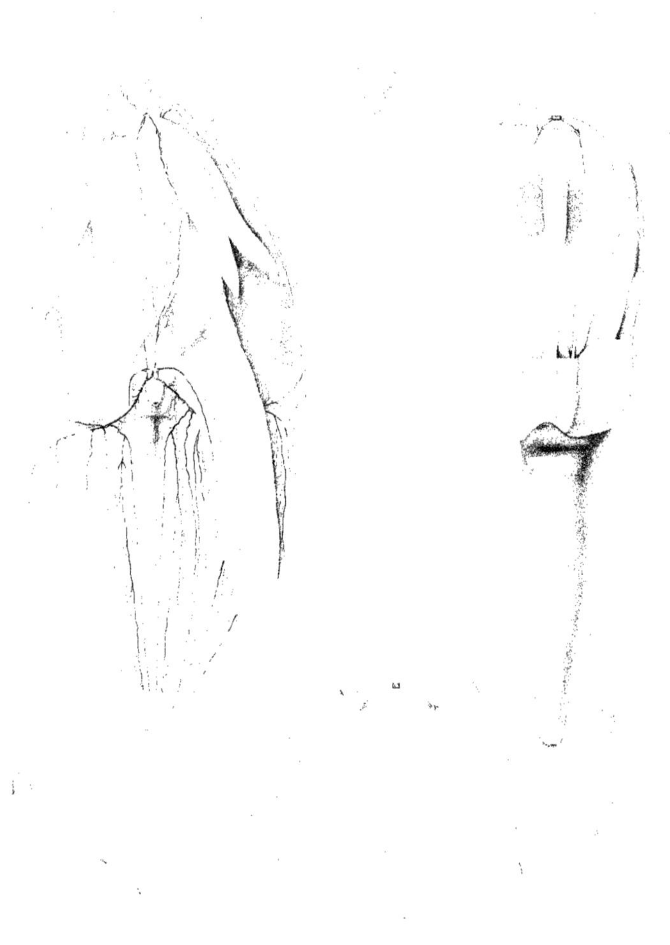

Famille des PHOLADIDES. *PHOLADIDÆ*.

Genre PHOLADE. *PHOLAS*. Linné.

Système nerveux viscéral, appareil digestif et organes respiratoires. — (Pholas dactylus. Linné.)

Fig. 1. La partie abdominale dont les viscères ont été mis à nu vue de profil, pour montrer les nerfs de la vie organique.

a, orifice buccal. — *b*, estomac. — *c*, foie. — *d*, cœcum. — *e*, intestin. — *f*, ganglion cérébroïde. — *g*, grand cordon nerveux latéral.

Fig. 2. La partie abdominale vue de côté pour mettre en évidence tout l'appareil alimentaire dans sa position naturelle.

a, orifice buccal. — *b*, œsophage. — *c*, estomac. — *d*, foie. — *e*, cœcum. — *f*, intestin. — *g*, anus. — *h*, pied.

Fig. 3. Appareil alimentaire vu en dessus dans sa position naturelle.

a, orifice buccal. — *b*, bord du manteau. — *c*, œsophage. — *d*, estomac. — *e*, foie. — *f*, intestin. — *g*, anus. — *h*, muscle adducteur sur lequel repose l'intestin.

Fig. 4. Le canal intestinal isolé pour le montrer dans son ensemble.

a, orifice buccal. — *b*, cœcum. — *c*, origine des canaux hépatiques. — *d*, grand cœcum. — *e*, intestin. — *f*, petit cœcum. — *g*, anus.

Fig. 5. Portion stomacale ouverte en dessus, pour montrer les cavités.

a, œsophage. — *b*, estomac. — *c*, portion supérieure de la membrane rejetée de côté pour mettre en évidence les orifices des canaux biliaires. — *d*, cœcum.

Fig. 6. Style hyalin.

Fig. 7. Petite portion de la membrane stomacale vue sous un grossissement de 200 à 300 diamètres, pour en montrer la structure.

Fig. 8. Petite portion du foie très-grossie, pour en montrer les utricules et leurs conduits.

Fig. 9. Appareil branchial.

a, les branchies dans leur position naturelle. — *b*, palpes internes. — *c*, palpes externes. — *d*, abdomen. — *e*, pied.

Fig. 10. Le bord interne des branchies, pour montrer les ouvertures dans lesquelles pénètre l'eau.

Fig. 11. Petite portion de la surface de la branchie très-grossie prise sur le bord, où l'on distingue les cils vibratiles.

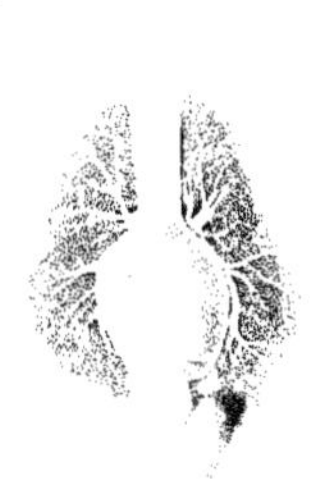

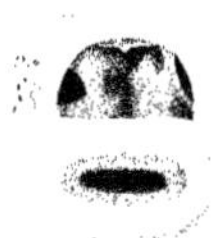

FAMILLE DES PHOLADIDES. *PHOLADIDÆ*.

GENRE PHOLADE. *PHOLAS*. LINNÉ.

APPAREIL CIRCULATOIRE. — (PHOLAS DACTYLUS. Linné.)

L'animal est grossi au double; le cœur et les oreillettes sont teintés en rose; les artères sont représentées injectées en rouge, et tous les trajets veineux en bleu; mais dans les branchies les vaisseaux afférents, remplissant le rôle d'artères branchiales, sont colorés en bleu, et les vaisseaux efferents en rouge : ce qui était nécessaire pour éviter toute confusion et pour faire reconnaître de suite tout le trajet du sang artériel et celui du sang veineux.

FIG. 1. L'animal est vu en dessus; le manteau a été coupé au milieu et sur le côté gauche pour mettre à nu le cœur, les oreillettes et la branchie; il a été respecté du côté droit.

En avant, le cœur donne naissance à l'aorte ascendante; celle-ci fournit les artères hépatiques et la grande artère abdominale, dont on voit l'origine. Elle donne ensuite les artères des palpes, l'artère du muscle des pièces accessoires de la coquille *a*, et les artères palléales *b*. En arrière, le cœur donne naissance à l'aorte descendante, formant los artères des siphons *c*, et celles de leurs muscles rétracteurs *d*. De chaque côté de l'aorte, on voit les trajets veineux recevant le sang des veines palléales, de la veine du muscle des pièces accessoires, de l'organe hépatique, et le versant dans le sinus branchial. — *c*, la branchie montrant en bleu les vaisseaux afférents et le réseau capillaire, et en rouge les vaisseaux efférents.

FIG. 2. L'animal est placé sur le dos; le manteau et les siphons sont fendus dans toute leur longueur et étalés de chaque côté. Les deux branchies ont été écartées pour ne pas masquer les autres organes; l'une *d* a été laissée entière, l'autre a été coupée. La masse abdominale *c* a été rabattue sur le côté.

L'aorte ascendante fournit près de son origine l'artère abdominale inférieure, qui donne ses branches principales aux muscles du pied; et, plus en avant, l'artère abdominale antérieure. Dans cette portion, les tissus ayant été coupés pour isoler les artères, il n'a plus été possible de représenter les trajets veineux. — *a*, le bord du manteau, au-dessous duquel se trouve située la bouche. — *b b*, les artères et les veines palléales et les tentacules labiaux écartés, montrant dans leur épaisseur leurs artères, dont les origines sont indiquées dans la fig. 1, et leurs réseaux veineux. En arrière, on suit les artères des siphons *c*. On a représenté les étroits trajets veineux, se réunissant dans les grandes veines abdominales. — *d*, la branchie montrant en bleu les vaisseaux afférents, et en rouge les vaisseaux efférents. — *e*, l'extrémité des siphons.

FIG. 3. Le centre circulatoire et les branchies isolés.

a, le cœur. — *b*, l'aorte. — *c*, l'artère hépatique. — *d*, l'origine de l'artère tentaculaire. — *e*, l'artère branchiale. — *f*, l'origine de l'aorte descendante. — *g*, l'oreillette. — *h*, le grand vaisseau branchio-cardiaque. De ce côté *k*, le bord interne de la branchie a été rabattu. Du côté droit, les lames branchiales sont représentées dans leur position ordinaire. — *i*, le canal afférent des branchies. — *l*, le muscle adducteur postérieur. — *m*, l'intestin.

FIG. 4. Portion très-grossie des vaisseaux branchiaux.

a, grand canal afférent. — *b*, canaux transversaux et capillaires. — *c*, vaisseaux efférents.

FIG. 5. La masse abdominale isolée vue de profil pour montrer ses trajets veineux.

a, la masse abdominale. — *b*, la grande veine latérale. — *c*, tentacule labial interne. — *d*, branchies. — *e*, canal afférent des branchies.

FIG. 6. Portion du siphon isolée pour montrer le réseau formé par les trajets veineux.

FIG. 7. Corpuscules du sang.

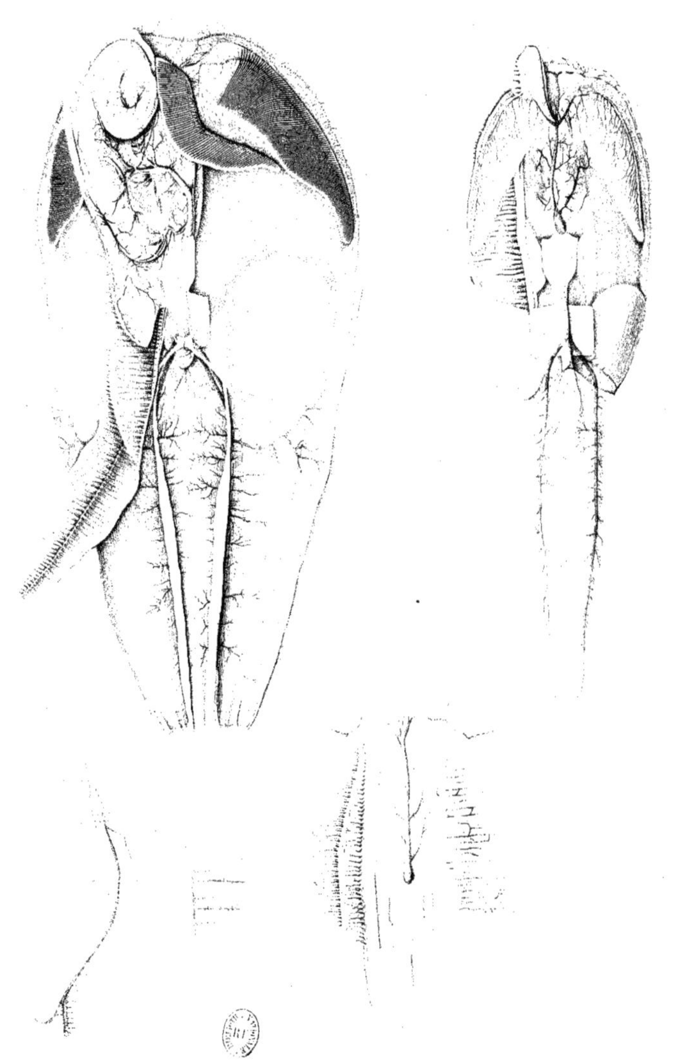

FAMILLE DES SOLENIDES. *SOLENIDÆ.*

GENRE SOLEN. *SOLEN* LINNÉ.

SYSTÈME MUSCULAIRE ET SYSTÈME NERVEUX. — (SOLEN VAGINA Linné.)

FIG. 1. L'animal dans sa coquille (de grandeur naturelle) : l'une des valves a été renversée sur le côté.

a, le bord antérieur dans la coquille, montrant l'impression des muscles palléaux. — *b*, dent cardinale. — *c*, l'impression du muscle adducteur antérieur. — *d*, l'impression du muscle adducteur postérieur. — *e*, l'impression du muscle rétracteur des siphons. — *f*, bord de la coquille. — *g*, bord frangé du manteau. — *h*, muscle adducteur antérieur. — *i*, muscle adducteur postérieur. — *k*, muscles palléaux. — *l*, muscle rétracteur des siphons. — *m*, siphon branchial. — *n*, siphon anal. — *o*, pied.

FIG. 2. La coquille vue par le dos, l'animal étant renfermé entre ses valves.

a, les valves de la coquille. — *b*, bord frangé du manteau. — *c*, extrémité du pied. — *d*, siphons.

FIG. 3. Portion antérieure de l'animal, un peu grossie, vue du côté dorsal.

a, les bords musculeux du manteau. — *b*, bord frangé. — *c*, extrémité du pied. — *d*, muscle adducteur. — *e*, muscles rétracteurs du pied.

FIG. 4. Portion des muscles attachés à la coquille.

a, muscle adducteur postérieur. — *b*, muscles rétracteurs du pied : entre eux on voit la partie postérieure de l'intestin. — *c*, bords internes des deux valves de la coquille.

FIG. 5. Partie postérieure du corps de l'animal.

a, partie inférieure du manteau ayant ses deux bords réunis et montrant ses bandelettes musculaires. — *b*, partie supérieure du manteau. — *c*, origine du pied. — *d*, muscles rétracteurs des siphons. — *e*, siphon.

FIG. 6. Système nerveux.

L'animal est placé sur le dos; le manteau est ouvert dans toute sa longueur, et ses bords sont rabattus sur les côtés; le pied est également rejeté de côté, pour l'empêcher de masquer les parties importantes du système nerveux; les branchies sont aussi écartées.

a, les ganglions cérébroïdes. — *b*, les ganglions pédieux ou abdominaux. — *c*, les nerfs et les ganglions palléaux. — *d*, la masse abdominale. — *e*, les palpes labiaux. — *f*, les branchies. — *g*, les ganglions branchiaux : au-dessous d'eux on voit l'anus passant sur le muscle adducteur postérieur. — *h*, les muscles des siphons et les noyaux médullaires qui y distribuent leurs nerfs.

FIG. 7. Portion antérieure du système nerveux isolée.

a, ganglions cérébroïdes. — *b*, leur commissure. — *c*, Origine des grands nerfs palléaux. — *d*, connectifs unissant les ganglions cérébroïdes aux ganglions branchiaux.

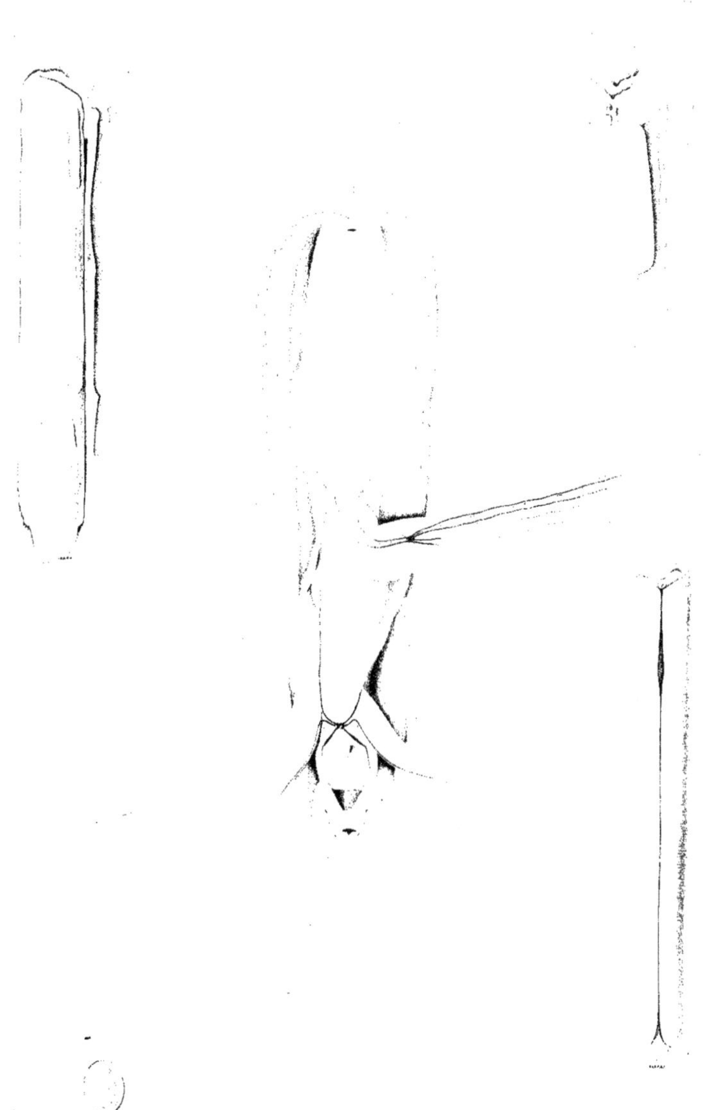

FAMILLE DES PECTINIDES. *PECTINIDÆ.*

GENRE PEIGNE. *PECTEN.* LINNÉ.

SYSTÈME NERVEUX. — PECTEN MAXIMUS. — (*Ostrea maxima.* Linné.)

L'animal, de grandeur naturelle, est placé sur le dos, et le manteau est rabattu sur les côtés. En avant et sur la ligne médiane *a*, on voit l'orifice buccal entouré de ses tentacules frangés : sur les côtés sont les palpes; au-dessous, les deux ganglions cérébroïdes notablement écartés l'un de l'autre, dont la commissure passe au-devant de l'orifice buccal; entre les ganglions cérébroïdes, et à peine plus en arrière, les ganglions abdominaux ou pédieux, dont les principaux nerfs se distribuent dans le pied *d*. En avant, les noyaux médullaires cérébroïdes donnent un nerf palléal présentant sur un muscle du manteau un renflement ganglionnaire. En arrière des ganglions cérébroïdes descendent les grands connectifs qui unissent ces centres nerveux aux ganglions branchiaux; ceux en partie masqués par le prolongement de la masse abdominale reposent sur le grand muscle adducteur *b*. Un peu de côté est l'anus, recourbé en dessous; des ganglions branchiaux naissent presque tous les nerfs palléaux. D'un côté, ils sont en partie masqués par la branchie qui a été laissée en place; de ce même côté, le bord du manteau *c* est dans son état ordinaire; du côté opposé, il a été rabattu en avant *f*, pour montrer la position des cirrhes et des pédoncules oculaires; vers le milieu *g*, on voit le bord étendu; en arrière *h*, ce bord a été coupé pour mettre en évidence tout le trajet des nerfs, qui se distribuent aux pédoncules oculaires *k*, *k* et aux cirrhes *i*. De ce même côté, les filets branchiaux ont été coupés presque à leur origine, pour qu'on puisse suivre les nerfs palléaux dans toute leur longueur.

Voyez la planche XXXI pour les détails relatifs au système nerveux.

www.ingramcontent.com/pod-product-compliance
Ingram Content Group UK Ltd.
Pitfield, Milton Keynes, MK11 3LW, UK
UKHW021031180726
13838UKWH00004B/1734